做人，愚一点好

何丽野 著

国家行政学院出版社

图书在版编目（CIP）数据

做人，愚一点好/何丽野著.——北京:国家行政学院出版社，2012.12
ISBN 978-7-5150-0461-7

Ⅰ.①做… Ⅱ.①何… Ⅲ.①成功心理—通俗读物
Ⅳ.①B848.4-49

中国版本图书馆CIP数据核字(2012)第301367号

做人，愚一点好

著　　者	何丽野
责任编辑	陈科
出版发行	国家行政学院出版社
地　　址	北京市海淀区长春桥路6号(100089)
发行电话	(010)68920640/68929037
网　　址	http://cbs.nsa.gov.cn
编辑部	(010)68928764
印　　刷	北京市庆全新光印刷有限公司
版　　次	2013年1月北京第1版
印　　次	2013年1月北京第1次印刷
开　　本	787毫米×1092毫米　16开
印　　张	17.75
字　　数	206千字
书　　号	ISBN 978-7-5150 -0461 -7
定　　价	28.00元

本书如有印装质量问题，可随时调换。

联系电话：（010）68929022

写在前面的话

人生过处唯存悔，知识增时只益疑。

——王国维

摆在您面前的这本书，是一个过来人一辈子人生经验教训与学识的总结。

岁月匆匆，光阴荏苒，弹指一挥间，不觉已是五十开外年龄。想当初二十多岁的时候，正是青春好年华，指点江山，激扬文字，气吞万里如虎。那时候，好像天地就为自己设立的一样。我经常对自己暗暗鼓劲："你一定要成功，一定会成功。不成功便成仁！"

而今呢？"成功"不知在哪里，"成仁"却是可以看得到，已经是不远了。从自然生命来说，如果不出意外，我大概还有几十年；但是从社会生命或者政治生命来讲，却是已经接近结束。因为我的年龄已经进入"准退休"的行列了。

老头子们退休以后，所能做的无非是到处走走看看，在公园里下棋聊天，老太婆们或者在公园里跳跳舞。基本上就属于"等死一族"了。当然也有可能到什么地方去发挥一下"余热"，但那也是来日无多了。

当我在键盘上打入"来日"这两个字的时候，跳出来的却是"来日方长"四个字。心里又是一阵感慨与酸楚。因为我想起了"来日方长"的一个出处。

"今日痛饮庆功酒，壮志未酬誓不休；来日方长显身手，甘洒热血写春秋！"

这是现代京剧《智取威虎山》的一个唱段。我对这段非常熟悉，唱完以后还要来一段气震山河的哈哈大笑。

现在是再也笑不起来了。

二十多年以前，还有一首歌也是我们经常唱的，叫做《年轻的朋友来相会》：

"再过二十年，我们来相会，举杯赞英雄，光荣属于谁？为祖国，为四化，流了多少汗，回首往事心中可有愧？亲爱的朋友们，让我们自豪地举起杯，挺胸膛，笑扬眉，光荣属于八十年代的新一辈！"

我现在能"自豪地举起杯"吗？

以前我反思自己，后悔某事做错的时候，经常跟自己讲的一句话就是："来日方长，以后改正吧！"而今，来日方长变成"来日无多"。在学校里，人家对我客客气气。这并不完全因为我是个教授，更因为我这个年龄的人，是属于"无所畏惧"那一类，好多跟我差不多年龄的人，经常挂在口头的一句话就是："我反正是马上要退了。"这话听起来很恐怖，就跟"我反正马上要死了"这个意思差不多。

用姜昆、唐杰忠的相声《虎口暇想》里的一句话来讲："我都是快要死的人了，你跟我较什么劲呀！"

确实，谁也不会跟一个快要死的人较劲，所以大家对我们客客气气，一般不会有人来得罪我们，除非他想要拼命。

枫林晚霜，春华秋实。到我这个年龄，似乎也该是对自己的一生来个总结性反思的时候了。有人说，如果一个人把年龄倒过来走，从七十岁回到二十岁的话，会有一半的人成为伟人。这话的表面意思是不通的：如果一半人成为"伟人"，那就没有什么伟人可言了。但它的真实意思是很对的：人在年轻时都会犯错误，而当他到了年老，积累了经验的时候，又已经没有改正的机会了。如果以老年人的经验来走年轻人的路，会走得更好些。

改正的机会是没有了。但是把自己的人生错误和经验、心得写出来给大家看看，自认为应该还会有点价值的。

因为我回过头来看自己的一生，最感到遗憾的、经常想的就是：如果当时有一个人来点拨我一下，该有多好啊！

如果在我的童年和少年时期，我的父母能更有知识，更有见识，我的一生将会大不相同。可惜的是没有。在那个风雨飘荡的年代，他们泥菩萨过河——自身难保，哪里还顾得上孩子。而且他们的文化程度也并不高，也没有什么太多的见识。我所有的人生道路过程都要靠自己去摸索，要靠自己在自己的错误当中去总结，去认识。

结果就是这样：很多时候，经验有了，但机会也失去了。留下的只有教训。清末民初大学问家王国维先生说过："人生过处唯存悔，知识增时只益疑。"五十多岁了，想想这句话，真是至理名言。

天下人，人同此心，心同此理。现在的年轻人也会有同样的想法吧！所以就想把自己的一些学识经验写出来，供年轻人在人生道路上作为参考。

我经常跟儿子讲，也跟学生们讲，我们以前那个年代，我是想听但没有人跟我说，今天是我想说但没有人想听。其实听听我这样的人的话是不会错的，因为那都是用经历和学识堆出来的。

这本书里的话大多是我对自己一生的错误和成功经验的总结。我向您保证，书中的话都是真话，没有假话，没有忽悠。

活了五十多岁，说起来也算没有白过，也读了不少书，学了不少东西。这一辈子也并不是过得浑浑噩噩，也是一直在动脑筋，一直在思考的。自己觉得也有一些经验，有些学识，想把它们讲出来，写出来，于是就有了这本书。其中基本的思想观点都是我的原创。也许有个别观点来自于前人，但也经过充分的消化和吸收，用自己的人生经验验证过的才列进去。

把这些学识与自己的人生经验用一根什么样的线串起来呢？想来想去，它们可以归为两个字，即"智"与"愚"，我发现，自己这一生跟这两字关系甚大。成功，往往不是因为智慧，而是因为有点"愚"；失败，却往往因"智"，即太过聪明，或者自以为聪明。当我自以为是一个智者的时候，往往是倒霉的开始；而我当自己是一个愚者的时候，事情却往往比较顺利。从中得出的结论就是：人生一个很重要的方面在于处理好"智"与"愚"这两者的关系。哲学、科学和中西方文化也跟这两个字很有关系，比如哲学就叫"爱智慧"。所以，用这两个字来概括我的一生学识与经验，概括我想跟您、跟今天的年轻人说的东西，是比较合适的。

由于我在书中提到了自己的生活经历，其中可能牵涉到一些人和事，但不这样写的话又不能说明问题，所以，如果对这些人有所冒犯，在这里我预先真诚地表示歉意。

目录

C O N T E N T

苏格拉底：我知道自己愚，神才说我是世上最聪明的人

最蠢的人当数那些自认为不蠢，而认为他人愚蠢的人。所谓智慧并不只是看起来像很有智慧的样子，更不是自视有智慧。自认不知者，是知；不见人之所见，是无见。世上充满了蠢人，但他们无一认为自己愚蠢，也无一力求变得不蠢。

——葛拉西安

有了正确的态度，才能找到正确的方法

我在这里说的智与愚，主要地并不是从智力角度来区分。而是从人生态度来讲愚和智。

如果单纯从方法上讲，我在书中讲的"愚"，在许多人看来可能就是真正的智、大智，一直以来它们也都是被当作智慧的方法来介绍的。在这里，我与其他人和著作的不同就在于：我把智与愚不是看作方法手段，而是看作两种人生态度，也就是两种自我认知——究竟是把自己看作"智者"还是看作"愚者"。

补充一下，这里的把自己看作愚者，不是谦虚，而是真的认为自己是愚者。

我年轻时痛感自己太笨，不善处理事务，更不擅长人际关系，也买了不少诸如"怎样做一个受欢迎的人"、"社交秘笈"之类的书看。但收效不大。读书的时候眼花缭乱，觉得讲得都很有道理，到了社会实践中才发现不是那么回事，根本就想不起该怎么做，那

些什么处世方法要么是太抽象，大而化之，要么是太具体，根本就记不住。结果事到临头还是老样子。

之所以产生这种情况，我认为就是没有抓住根本。这个根本就是人生的态度。

许多人都知道这样一句话："不要把别人当傻瓜。"这话当然是对的。但我这里要补充一句：要想做到不把别人当傻瓜，首先就要把自己当傻瓜。因为只有把自己当成傻瓜，才不会把别人当傻瓜。

如果把自己当作智者，当作聪明人，那就依然会把他人当作傻瓜。因为你往往会这样想：他虽然聪明，但我比他更聪明。或者想：他虽然聪明，但我已经看穿了他的聪明，因此他的诡计已经一钱不值了。而这样就依然是把对方当傻瓜。

中国人都知道"大智若愚"这句话。但许多人把"若愚"理解为一种方法，是"像愚"而不是真的愚，是表面上的伪装。这样的"愚"，实际上还是智，还是把自己当作高人一等的智者。这种情况下的"愚"是假象，是伪装，装不像，而且时间不长。装一次两次还可以，时间长了就受不了了，就要跳起来了——"怎么，我不过是大智若愚而已，你还以为我是真的傻呀！"

现在政府机关也好，企业也好，都很重视"危机公关"。一个危机来了，怎么想办法尽快地解决它，不要对政府和企业造成更多的危害，这就是危机公关。要做好这个事，首先就要端正态度，要把自己当作愚者。

有这个态度，方法就出来了：是什么事就是什么事，该承认错误就承认错误，采取各种措施去解决问题，不用各种不正当的手段去避重就轻、掩盖事实、逃避责任。如此，往往可以得到广大群众的谅解。

　　相反地，把自己当智者，以为可以用自己的聪明智慧掩盖错误，愚弄广大消费者、网民，则往往错上加错，越描越黑，最终不能自拔。

　　方法不重要，态度才重要。没态度就没方法，有了态度，方法自然就出来了。毛泽东在《论持久战》中说，许多人对官兵关系、军民关系搞不好，以为主要是方法问题，但实际上是个根本态度，或者说根本宗旨问题。这态度和宗旨就是尊重士兵和尊重人民。

　　这个话讲得很好。它适用于任何事情。人生不管面对什么事情，首先是个态度问题。态度、或者说心态，决定一切。

自知之明就是"自知无知"

人们常说人贵有自知之明，也就是了解自己，许多思想家认为，这是人类最重要的品质，但同时也是人类最缺少的一种品质。许多所谓有智慧的人，其实是最没有这种智慧的。所以古希腊德尔斐神庙的门口就刻着一句话："认识你自己。"

一般地说来，世上没有人会承认自己是愚者。

一个人，他可能承认自己穷、运气不好，承认自己生活不检点，承认自己缺乏意志力，脾气暴躁，承认自己不善于处理人际关系，承认自己不懂得保养身体，等等。总之，他可能承认一切，但就是不会承认自己笨、蠢。

问一个股民："你为什么会被套？为什么会在股市里亏损累累？"

他会愤愤地回答："经济形势不好，公司造假，股评家都是黑嘴，……"

他决不会回答说："我太蠢，所以亏损。"

问一个政府里的普通公务员："你为什么这么长时间没有提拔，到老了还是个科员？"

他会愤然回答："机关里太黑暗。没有关系当不了官。我没有关系，也不屑于拍马屁，……"

他决不会回答说："我是个笨蛋，没有什么能力，所以没有提拔。"

问一个高校教师："你为什么没有什么学术成果，到老了还没有评上教授？"

他会勃然大怒："你以为教授是靠学术成果评出来的吗？那些都是什么成果，都是造假，都是垃圾。我连看都不要看，……"

他决不会回答说："我太笨，搞不出像样的学术成果。"

许多母亲，我常常听到她们这样说自己的孩子读书不好："他就是不用功啊！人是聪明的。就是不用功。"许多教师也常常对学生的家长这样说："你的孩子是聪明的，只是不用功、太调皮。"我不知道这些教师是真的这样想，还是仅仅为了安慰孩子的父母。

我从来不曾听到一个母亲这样说她的孩子："他已经很用功了。只是因为笨，所以书读不好。"从来没有过。顶多可能会这样说："他读书不好，好像不是读书的料。可是他在其他方面很聪明。"

所以，我们每天看到无数正在用功的孩子。天还没亮的时候你到大街上看看，冷清清的大街上，少数几个行人中，除了扫大街的清洁工人，就是背着沉重的书包、正要去学校早自习的孩子；到了夜晚十二点你再去各个小区里看看，凡是窗户还亮着灯的，除了打麻将的，十之八九是还在用功的孩子。

因为他们的父母相信，孩子已经很聪明了，需要的只不过是用功。

有一个哲人这样讲，每个人都不满足于自己的财产，但每个人都满足于自己的智慧。也就是说，每个人都认为自己是聪明人。

只有很少的人会真正把自己当作愚者。那是要在历经风雨之后，真正的大彻大悟。所以讲人贵有自知之明，这个贵有自知之明非常不容易。

古希腊圣哲苏格拉底，托他朋友去庙里求签，想知道谁是世界上最聪明的人。自己好跟着他学。结果求回来的签上写着："苏格拉底是世界上最聪明的人"。

他震惊了。自己以为自己是个愚者，所以才想要求神告诉自己：谁是世界上最聪明的人，怎么神反而说自己才是最聪明的人呢？

最后他想通了：世上的人都很笨，但他们不知道自己笨，反而以为自己很聪明。只有我知道自己是愚者，所以神说我才是世界上最聪明的人。

所以苏格拉底有一句名言："我知道我一无所知。"

因为我们事实上就是愚者，只是许多人不知道，不愿意承认而已。人们会努力去了解和认识他人，但很少努力去认识自己。因为他们自以为已经很知道自己了——"我自己的事我还不知道吗！我自己的情况我还不了解吗！"其实不是这样。

一般人实际上并不了解自己，其标志就是：人们往往高估自己的道德品质与能力才干，对自己的缺点多缩小或原谅，对自己的优点则夸大，没有人会认为自己身上以缺点为主，优点只是少数，没有人会这样。一般人都认为自己的主要方面是好的。即使知道自己有某些缺点错误，也会以为"白璧微瑕"，是"瑕不掩瑜"，甚至以为自己"大智若愚"。

若是你不相信这个话，你可以做一个实验：去问问你的朋友或家里人，上级领导或同事也可以的，问他们对你有什么看法，你有什么优点与缺点。要诚心诚意地问。让他们尽量说真话。

你会发现，他们的回答会让你冒一身冷汗。他们对你的看法与你对自己的看法绝对是大相径庭。

当然，反过来做也可以。你可以去问问他们，他们自己对自己是什么样的看法。然后把他们对自己的看法与你的看法相对照。你也会发现，两者是很不一样的。

现在的人，都懂得如何搞好人际关系。表现在一点就是：都愿意当面说人好话。比如说经常称赞人聪明。

一个小孩子，他的父母问他："二加二等于多少啊？"他响亮地回答："等于四！"

于是立马会引来周围一片赞叹："啊，真聪明！真是天才！将来一定是个大数学家！"

而他的父母在旁边洋洋自得地说："他已经会做乘法了耶！二乘以二也等于四，他也知道哎！"

一个人从小在这种氛围中长大。他怎么会认为自己愚呢？

在老子看来，自知之明是圣人才有的一种品质，"是以圣人自知而不自见，自爱而不自贵。"意思是说，圣人了解自己，但不表现自己；爱惜自己，但不把自己看得很尊贵。但一般人是做不到这些的。

在很多时候，人们不过是"大愚若智"而已——自以为聪明，其实是蠢人一个。因此实际上世上是蠢人多，真正的智者少。

我们千万要牢记苏格拉底的话：世人都很蠢，只是人们不知道自己很蠢。反而以为自己很聪明。

我估计读者看到这里，也会同意我这个话。但你同时会以为自己就是那个很少数的真正的智者中的一个。

著名漫画家华君武曾请人刻了一方闲章，上书"大愚若智"四个字，时刻把玩，以提醒自己。原来，华君武在1957年"反右"的时候，也跟风画过一些漫画，发表在报纸上，讽刺过一些被冤枉的"右派"，伤害了本不该伤害的人。每提起此事，华君武便悔恨不已。他多次对人表示："我当时这样做，无非是想表现自己的积极、进步，应该说是有私心的。看起来好像很聪明，其实很蠢！所以我说，自己那一段就是大愚若智。"为了记取这段教训，他专门刻了一枚"大愚若智"的闲章。

苏东坡有一天从朝中回来，吃完饭以后，摸着肚子问他的婢女们："你们知道这里面都是些什么吗？"一个婢女回答说："都是文章吧。"苏东坡摇摇头，不以为然。又一婢女说："满腹都是聪明智慧。"苏东坡更是大不以为然。这时他的妻子朝云过来说："你呀，一肚皮的不合时宜！"苏东坡捧腹大笑："说得对，说得对！"

苏东坡年近五十的时候，他的妻子朝云生了一个儿子，取名叫遁儿，在生下三天时，苏大诗人写了一首《洗儿诗》，其中这样写：

"人皆养子望聪明，我被聪明误一生。惟愿孩儿愚且鲁，无灾无难到公卿。"

苏东坡这个话说得是很沉痛的，是他对自己一生的总结。苏东坡不仅是宋代大文豪，而且放在整个中国历史上，他都是数得着的大才子，其聪明智慧自不必说。但他的一生中，这个聪明也给他带来了无尽的麻烦，几次差点把命丢掉。回首往事，几番感悟，才写下了这样的话。

因此，凡是把自己定位于智者，不愿意承认自己愚的人，基本上属于"自知之愚"。

愚人画像

如果说，最大的愚蠢就是自以为聪明，那么反过来也可以说，最大的聪明或者说最大的智慧就是自以为愚，就是自觉地做一个愚者。

黑格尔曾经说，一个意识到自己是奴隶的人就不再是奴隶了。同样我们可以说，一个意识到自己是愚者的人就不再是笨人了。因为真正的笨蛋根本就不会知道自己是笨蛋。

反过来说，一个认为自己是聪明人的人就不再称得上是真正的智慧了。

这就是愚与智的辩证法。

两极相通。愚和智是相对立而存在，又相互转化。愚极生智，智极生愚。当人们知道自己愚的时候，智就产生了；当人们知道自己智的时候，愚就产生了。

主张愚，不是说愚能代替一切，整天傻乎乎的，只要自认为是个愚者，就万事大吉，一切OK了。我也不能说因为自己在这本书里讲愚，就把"愚"说得天好地好，能解决一切问题。世界上还没有这样的包治百病的药方。

任何事情都是两面的。愚，作为人生态度也有它不好的一面：这有两种情况：一是容易太过自信，固执己见，不善变通；二是如果一个人老是觉得自己愚，不如人家，他有可能就失去了前进的勇气，凡事缩手缩脚，久而久之，变得安于现状，碌碌无为。

要把愚与智的辩证关系讲清楚，还是要借用毛泽东两句著名的话："在战略上要藐视敌人，在战术上要重视敌人。"人们一般会把这两句话理解为方法。其实首先是一个态度。这态度就是一个字："愚"。只是这个"愚"虽然只是一个态度，在这两句话中面对的却是不同对象。

战略上的"愚"是要有一根筋吊牢的精神，认定自己的目标，就不再东张西望，左顾右盼，而是一条道走到黑；战术上的"愚"是把自己当愚者，把对手当作智者。虚心求教，集思广益，十个愚者才能抵得上一个智者。

愚不是自卑，不是认为自己一无所长，处处不如别人。这里我们要注意：自卑的人并不是自认为愚者才自卑。其实自卑只是一种假象，自卑的人，本质上是自尊，而且是非常的自尊。但是这个自尊很脆弱，一遇到困难和挫折就垮下来，所以会自卑。

能够自认愚者的人，内心的前提不是自卑，也不是自尊，是自信，自信自己能做好。自信人生二百年，会当水击三千里。

愚，指的是在为人处世上，对待具体问题上，把自己当成愚者。毛泽东说过："群众是真正的英雄，而我们自己则往往是幼稚可笑的。不了解这一点，就不能得到起码的知识。"我认为不光是对群众，对任何人，我们都要持同样的看法、同样的态度。

能够这样想，这样做的人，一定是真正的强者，当然也是具有超级智慧的人。

这样我们就知道了，愚者，并不是说智力上一定比人家差，自以为愚的人，肯定不是个笨蛋。

作为愚者，有两点必不可少的特征：一是自认为愚，不如人家有智慧；第二点是不使心眼，不玩花样；老老实实，一条道走到黑。

可以这样来区分智与愚在人生态度上的不同表现：

智者滑，愚者痴；智者聪，愚者笨；智者弯，愚者直；智者虚，愚者实；智者疾，愚者徐；智者柔，愚者刚；智者强，愚者弱；智者阴，愚者阳；智者善变，愚者死板；智者清醒，愚者糊涂；智者渊博，愚者贫乏；智者多样，愚者单一；智者重视机遇，愚者重视自身；智者吊在好几棵树上，愚者吊在一棵树上。

还可以套用孔子的话来说，智者似水，愚者类山；愚者静，智者动。（孔子的原话是："知者乐水，仁者乐山；知者动，仁者静。"）水的特点是无常形，没有固定的形状，到处流动，这就是善于变化的聪明人；山却相反，矗立在那里，模样几万年不变，也就像"一根筋吊牢"的愚者。

愚者和智者不是固定的，一个人可能在这件事情上是愚者，在另一件事情上却是智者；这段时间是愚者，另一段时间又是智者。但是，一个人一辈子的人生态度和处世方法，也有个总的倾向：是智或愚。

虚心使人进步，骄傲使人落后。这句话是至理名言。虚心不是谦虚。谦虚是假的，嘴里说："我不行我不行。"心里却认为只有自己才行。这种谦虚并不能使人进步；虚心是真的，才能让人进步。那么怎么才能做到虚心呢？那就是把自己当作愚者，只有这样，才能看到人家的长处，才能进步。

现代社会的博弈法则：不要试图做智者

从古到今，很少有人会教人做一个愚者。都是教人成为智者。像孙武的《孙子兵法》、葛拉西安的《智慧书》、马基雅维里的《君主论》等等，都是众所周知的传授政治和军事智慧的书，被称为世界三大智慧书。现在市面上的人生哲理书、职场励志书，也基本上是"智慧之书"。

但是我认为，今后的社会里，人们可能会看到更多的书是教人"愚"，而不是教人"智"。

为什么会这样？因为现在的社会跟以前不一样。

以前的社会，识字的人少，文化知识不普及。你运用智谋战胜了对手，他可能永远都不明白是怎么回事。最后他只好乖乖屈从。比如诸葛亮七擒孟获就是如此。

古代社会信息传播手段单一，速度也慢，你这次运用这个智谋战胜了一个对手，下次遇到其他对手还可以再用。

更重要的是，在封建社会、奴隶社会或者战争年代，斗争是你死我活的。胜利者可以从肉体上消灭失败者，胜利者拥有一切，失败者将失去一切。失败就意味着被消灭，掉脑袋，就再也没有翻身的机会。在这个时候运用智谋手腕，不管多么卑鄙，多么肮脏，但只要成功了就可以让你一劳永逸。比如不管用什么手段，只要当上了皇帝，就是开创了一个新王朝。之后子孙相传，就是天然的合法，从此高枕无忧。

而且古代政治透明度低，政治和军事斗争的起因和结果，其中双方用了什么阴谋诡计，公众往往不知道。历史都是由胜利者书写的。在这些历史中，胜利者给自己戴上文明之师、正义之师的光环；而失败者则被描写成头顶长疮脚底流脓，道德败坏良心丧尽的不赦之徒。胜利者再操纵舆论工具反复地宣传，就会在人们心中成为既定的历史事实。就如古人总结的那样：成则为王败则为寇。

所以古人推崇智慧，推崇智者，自有他的道理。

但现代社会不一样。首先是知识普及。往往是你知道的智谋手段，人家也知道；你不知道的，人家也可能知道。而且现代社会是信息社会、网络社会，民主化政治，社会透明度高。要了解一个人，网络上来一个"人肉搜索"，什么东西出不来？连你小时候尿几次床人家都知道。就算是政治局的内部绝密信息，也经常会透露出来。只不过是时间早晚而已。

最重要的是，以前的斗争是敌我矛盾，阶级斗争，你死我活，现代社会很少有这样的事；在现代社会里，政治斗争也好，商业竞争也好，胜利者一般说来不可能彻底消灭失败者，失败者往往是暂时的失败，是某项事业失败，或者是他所要达到的希望没有实现而已。你不能把失败者砍头，满门抄斩，或者发配到远方荒凉之地，让他贫病交加地死在那儿。从此一劳永逸。这是不可能的。

就算在某些特定斗争（比如战争）中做到了这一点，事情也远不是那么简单。

1991年海湾战争，美英联军大败萨达姆，但战争结束以后，美英军队中出现一件没想到的事：大批官兵患上了"海湾战争综合症"，搞得两个国家上下鸡犬不宁。当时美国一家报纸由此发表评论说："在现代战争中是没有胜利者的，所谓胜利者只是失败在不同的地方而已。"

对照此话，再看看今天的美国人在伊拉克和阿富汗的处境，看看美国人在世界各国人民心中的形象，我想人们都会同意这样的看法。

现代社会人与人之间的争斗有点类似体育比赛。在大多数情况下，胜利者和失败者，大家都还要在一个地方、一个行业、甚至是一个单位里呆下去，胜利者不过是暂时领先，这次胜利；失败者不过是目前失利，这次失败。谁也不能说从此就坐稳江山。竞争是无休止的。竞选成功，竞聘成功，也不过就是一两个任期；失去这次的合同订单，下次还可以再争取另外的。即使企业破产，失败者也还可以另起炉灶，从头再来。

就算你把失败者送进牢里，他也有出来的一天。

所以，失败者完全有机会吸取经验教训，东山再起。他可以从另外一个方向、另外一个领域发起进攻。失败者可以反复地咀嚼他的失败过程，在这样的时候，智者所有的计谋都会被他看穿，都会被他学了去反过来对付你。并且他还会想出更多的办法，会用更大的力量、更加阴险狡猾的计谋来对付智者。

也就是说，智者的每一次胜利都意味着培养出一个更加强大的对手。道高一尺，魔高一丈。冤冤相报，没完没了，这最终必然会导致智者殚精竭虑，心力交瘁，不堪重负。更何况智者千虑，终有一失。周围有那么多的人对你虎视眈眈，就算你有天才的智慧，也经不起众多的敌人日以继夜的算计。

这点其实以前也是这样。你看那些历代朝庭里善于玩弄计谋的权士谋臣们，最后往往也是死于他人的权术之下。

智者要用计谋，玩手段，见人说人话，见鬼说鬼话，用各种手段掩盖自己的真实意图，窥探他人的内心想法，最后战而胜之。但在现代社会里，这些手段往往只能用一次，不能用两次。它们可以让你在一件事情上取得短时期内的成功，但这个短期的成功是以长远的失败为代价的。比如你一次使用计谋，可以让你获得短期的利益。但人们从此会认为你是一个会用计谋的人。

永远不要把他人当傻瓜而自以为聪明。套用一句话：群众的眼睛是雪亮的。林肯说过，你可以短时间蒙骗所有的人，也可以长时间蒙骗一部分人，但你不能长时间蒙骗所有的人。以前是这样，现在更是这样。

随着时间的推移，你用过的所有的智谋和手段，最后都会被人看穿。路遥知马力，日久见人心。人们最终会知道你是一个什么样的人——一个会使诈的人，一个会用手段的人，一个"有点虚，不实在"的人。

而智谋就像变魔术一样，一旦被人揭穿，就一钱不值。假作真时真亦假，一旦人们认定你是个会用手段、会使诈、不实在的人，则你所有的话都会被认定是假话，所有的善意都会被认为是虚情假意，怀疑这背后隐藏着什么阴谋诡计，再也没有人会相信你。所有的人都与你虚与委蛇，提防你，你将没有一个真正相信你、真心对待你的人。

这才是人生最大的悲哀、最大的失败。

既然如此，何不干脆做一个愚者呢？少去多少麻烦，减去多少辛苦。任他潮起潮落，我只坐看风卷云舒。

所以中国有句古言："吃亏是福"。什么样的人会吃亏？当然是愚者。智者不会吃亏。但做一个愚者就是福。

愚者有福了

我们知道，任何著作或者演讲，第一句话都是非常重要的，是全部思想的核心所在。那么你可知道，耶稣基督第一次向人们传道，他讲的是什么？

《新约·马太福音》里记载，耶稣初次上山传道，第一句话就是："谦卑的人有福了。"接下来他就解释什么叫谦卑，就是吃亏，不与人争斗。人家脱他的外衣，就把衬衫也给他；人家打他的左脸，就把右脸也转过去让他打。

我们很多人对此会嗤之以鼻。这样的人不是很傻吗，不是愚者吗？但是耶稣就说，只有这样的人才能进天堂。

有了智者，就有了互相猜疑，互相做假象，你骗他，他骗你；你算计他，他算计你；你提防他，他提防你。结果是大家倒霉。

没有智者，多少省心。大家坦坦荡荡，有什么话直说，有什么屁直放；当面互相交换意见，互相理解。人与人之间，少一点心眼，多一点实在，少一点虚伪，多一点真诚。再也用不着去想什么弦外之音，话外之意。再也不去想背后做点什么动作。有什么位置、什么利益要竞争，大家凭真本事上。有一分力拿一分钱，出一分力得一分利。多好啊！

每个人都希望自己成为聪明的人，成为智者。没有人希望自己、或者说认为自己是个愚蠢的人。

如果给你三个选择：智慧、财富、权力，相信许多人都会毫不犹豫地选择智慧。因为智慧能使你获得其他两样东西。

在智慧和愚钝之间，相信没有人会选择后者。因为人类的进步是以智慧作为标志的。

　　但是老子告诉我们，一个人应当返回到童年，返回到婴儿期。因为真正的"智"，就蕴藏于"愚"之中；耶稣告诉我们，人应当做一个什么也不懂的小孩子。因为只有小孩子能够进天堂。

　　大家知道，中华民族是智慧的民族，中国人是世界上最聪明的人。这并不是溢美之词。中国的《周易》、针灸、中医等等，产生于三千年前，但至今仍是不可逾越的高峰，仍在造福于世界人民。

　　但同时我们也要知道，中华文化是世界上进步最慢的文化之一。黑格尔曾看不起中国文化，因为他认为中国文化没有发展："它的文化、艺术、科学，简言之，它的整个理智的活动是停滞不进的；……他们（中国人）两千年以前在各方面就已达到和现在一样的水平。"[1]这个话一方面指出了中国文化起点之高，但另一方面也揭示了一个事实：在封建社会中，中国经济和文化的进步太慢。否则，令马可波罗叹为观止的中华灿烂文明，也不会到后来变成令国人扼腕的"落后就要挨打"了。

　　我有次在收音机里听到国防大学有个研究战争史和兵法的教授说，中国兵法是世界上最先进、最丰富的。其原因在于，中国历史上战争最多。据他说，中国历史四千年以来发生过六千场战争。这个数字占了这段时间世界全部战争的三分之一。

　　为什么会有这么多的战争？统治者横征暴敛，老百姓活不下去是一个原因，但更重要的原因恐怕是智者太多。

　　智者多，文化的起点就高，这当然是好事。但是也有个坏处，就是人人都自认为才华盖世，个个怀揣着内圣外王，治国平天下的梦想。

---

[1]〔德〕黑格尔：《哲学史讲演录》第一卷，第8—9页，商务印书馆，1982年。

陈胜说："王侯将相，宁有种乎？"项羽看见秦始皇的时候说："彼可取而代之！"刘邦则说："大丈夫当如是也！"这些话被后人奉为男子汉大丈夫的立身之则，中国古代人生格言汇集《增广贤文》里认为，人生的理想是："朝为田舍郎，暮登天子堂。"

结果这世上就充满了争斗，乱哄哄你方唱罢我登场。不管是真的聪明还是只是自以为聪明，先干起来再说。折腾个没完没了，不到黄河心不死，不见棺材不落泪。

世上本无事，庸者自扰之。不但中国如此，其他国家也是一样。世界上很多事都是智者弄出来的。比如现在席卷全球的金融危机，起源于次贷危机，而这个"次贷"的发明者就是华尔街一帮智者。按照香港经济学家郎咸平的说法，那都是些极其聪明的人，聪明到了把金融体系和市场做到了如此复杂的程度，连他郎咸平也不了解其中奥秘。他自叹不如。

但最后这帮智者们给他们自己和世界带来了什么呢？

每个人都试图在骗人家，同时也防止自己被骗。这样就消耗了大量资源。

为什么中国的GDP很高，达到了世界第二，而人民的生活水平却远落后于发达国家？为什么中国的产品销往世界各地，却大多只能在地摊上出售？为什么中国很少自己的高新技术和品牌，假冒伪劣猖獗，学术造假，社会人与人之间缺乏基本的诚信？

没有其他原因，只是因为中国聪明的人太多而愚者太少，梦想走捷径，一夜暴富的人太多，肯老老实实地干事情做产品做学问的人太少。

人们常常把世事和人生比作牌局或者下棋，比如说：人生就像一副牌局，我们不能决定手中的牌，但是我们可以决定怎样出牌。

这就是说，一个人的出身不能由自己决定，但是走出什么样的人生道路，却是可以由我们自己决定的。这都是很有道理的。

但是你也要知道西方的一句谚语：任何比喻都是跛脚的。如果你以为人生也与下棋一样，可以运用智慧做到一切，战胜对手就是胜利，那就错了。人生与牌局或者棋局最大的不同之处在于：如果你在棋局中战胜了所有的对手，你是最大的胜利者，是总冠军；但是如果你在人生中战胜了所有的对手，在所有的事情上都是赢家，那么最终的结果会反过来——你就是一个最大的失败者。

可以这样说：在人生当中，智，能使人小成功，但不能阻止大失败；愚，会导致小失败，但也会导致大成功。

让世界充满愚吧！只要人人都献出一点愚，这世界将变成美好人间。

>> 文化篇

《周易》教人做愚者

一说到《周易》，往往令人觉得神秘，甚至肃然起敬。大家都知道，《周易》是讲智慧的，它代表了中华文化的最高智慧。但如果你由此理解《周易》是教人成为一个智者，那就错了。《周易》并不主张人成为智者，它实际上是讲"愚"的，它主张做人要愚一点，不要做一个智者。

我们首先从"乾"、"坤"二卦来看。一般认为，这两卦是《周易》六十四卦的"门户"，也是《周易》思想的精髓所在。了解了这两个卦，也就基本掌握了《周易》的精神。《易传》里面讲："天行健，君子以自强不息；地势坤，君子以厚德载物。"就是讲的这两卦。清华大学就是以"自强不息，厚德载物"作为它的校训的。但是人们虽然熟知这两句话，却很少人有去仔细想一想，什么叫做自强不息，什么叫做厚德载物？

自强不息和厚德载物是"天人合一"的，总的意思是天道是诚的，做人也要诚。而这个诚其实就是愚。

"天行健"，这里的健是"快"的意思。朱熹说："天行至健，一日一夜一周，天必差过一度。日一日一夜一周恰好，月却不及十三度有奇。只是天行极速，日稍迟一度，月必迟十三度有奇耳。"（语类）具体解释是：中国古代天文观是天球黄道观。黄道也就是地球公转轨道面在地球上的投影。太阳、月亮和星辰都在天球上沿着黄道运动。中国古代有两个"年"：一是太阳过近地点循黄道东行一周，复过近地点，谓之"近点年"；二是太阳过春分点，循黄道东行一周，复过春分点，谓之"回归年"，亦称"岁实"。因太阳视运动不均匀性，二分点（春分点秋分点）每年沿黄道向西逆行约50秒（即"天左旋"），故回归年与近点年会有相差，所以每四年要设立"闰日"。古人将其理解为天行速而日行迟。至于以月亮12个朔望月制定的阴历则相差更大，每三年就要设立一个闰月。所以朱熹讲月行更缓。

"地势坤"，这里的"坤"是慢的意思。地的变化总是跟在"天"后面，天主动，地被动。所以是慢。天"主动"的是季节变化。四季变更有它自己的规律，不因外界变化而变化。节气一到，天气肯定会变化，不会不变。相对于"天"的这个主动，"地"是被动、顺从。植物的发芽、生长、动物的活动都要跟随季节的变化，春种夏长秋收冬藏。总是季节先变了，地上的动植物才跟着变。立春一过，天气开始温暖，桃红柳绿；惊蛰一过，雷声一动，各种动物虫豸开始出洞；立秋一过，便觉天高云淡，树叶开始转黄，果实开始饱满。这就是"地"跟着"天"动。所以《文言》讲"坤道其顺"是"承天而时行"。这样才能做到"生"。

这个"天"主动、快，"地"被动、慢，都是不会变的，所以天道是诚，也是愚。如果出现反常的情况，例如"天"未动而"地"先动，冬天开桃花，夏天开梅花，作物"反季节"生长，那是预示着要出现灾害了，会带来自然的大破坏，哪里还谈得上什么"生"。

《周易》由此引申出来在礼法制度下的做人的准则：皇帝主动，臣子被动；丈夫主动，妻子被动；父亲主动，儿子被动。后来的封建社会的"三纲"：君为臣纲、父为子纲、夫为妻纲就是从这里来的。所以说《周易》是中国文化的源头。

乾卦：做"自强不息"的愚者

从"乾"卦来看。乾卦象征了一个人一生的事业，从无到有，从小到大的发展过程。

读《周易》与读其他书不同，这个不同在于：读《周易》时必须要跟卦象结合起来读，不能光看文字。因为《周易》的文字是用来解释卦象的，它是依附于卦象的，本身不具有单独的意义。这点读者必须注意。卦象它所表示的是事物所经历的发展的不同过程，其中的爻位表示的是事物处于这个发展过程中的不同阶段。文字中的卦辞是解释整个卦象的意义，爻辞是解释一个人若处于这个卦象的爻位上会出现什么问题，应该怎么做。

"乾"卦的初爻，其爻辞是"潜龙勿用"。从爻的位置来看，它是处于六爻的最底层（《周易》六爻的排列是从下往上数的）。因此，它指的是一个人初进单位，这个时候就是"潜龙勿用"，意思就是你什么事都不要做，"潜"在那里，不要让人家看见。这个"不要做"不是说工作不要做，领导布置的工作当然要去完成。这个"勿用"是指不要主动地去做其他事，比如说拉关系拍马屁之类。你只须完成领导布置的工作，工作完成了就坐着看看报纸，上上网，领导不布置你就不要去工作，不要到处乱跑，老老实实地呆着。

所以你看，《周易》一开始就主张人要做一个愚者。

有的年轻人，一进了单位就很活跃，找这个拉关系，找那个拉关系，跟领导套近乎，或者主动要求工作，非常努力，积极要求上进。《周易》告诉你，这使不得。为什么，因为一方面你刚进单位，如果一开始就很努力，很出色，会提高人家对你的期望值，以后会难以为继，也容易引起其他人的嫉妒；另一方面你对情况还不了解，不知道这里的水有多深，这个时候贸然出击，很可能给自己埋下隐患。所以要静静观察，虽然你是一条龙，也不要轻易让人家看出来。所以是"潜龙勿用"。

这样大家就会认为你是个老实人，也是个踏实的人。也就是有点"愚"了。这是个良好的开端。因为这样人家就会信任你，你也就容易得到一些信息，知道单位里的水的深浅。这个非常重要，如果不是这样，大家一开始就认为你是个很滑头、很机灵的人，是个智者，那就完了。因为人家从此不会信任你，会提防着你。

这样就到了第二年，也就是"乾"卦中的第二爻的位置了。你已经有点资格了，新的人进来了，他们在你的下面。这个时候你要干什么呢？《周易》说，这个时候你要"见龙在田，利见大人。"注意，这里的"见"，念"现"的音，是显示的意思，《周易》六爻是天、地、人，上下各二爻，"天"在上，"人"在中间，"地"的二爻位于最底下。你现在是位于二爻的上爻，就是说你已经从地里冒出来了，可以适当地显示自己了，所以说是"见龙在田"。怎么显示？——"利见大人"。这里的"大人"是指具有良好道德品质的人。《周易》讲："夫大人者，与天地合其德。"大人，首先要有道德。怎么表现道德呢？比如，新的人来了，你领他去宿舍，带着他办一些事情，有老同志生病了不能来上班，你代他们干一些活，等等。如果单位里有些事情难办，你有能力、有关系可以办得了，也可以自告奋勇。这就是"见龙在田"了。当然，龙的位置应该是在天上，不应该是在田里，但目前，你还只能出现在田野里。这个时候，人家会认为你虽然是个老实人，但也能干，也有道德。这就很好了。

这样又过了几年，你升上去当了个科长，这就处于"乾"卦第三爻，即"人"第一爻。这个时候，你该怎么做呢？《周易》告诉你，你应该"终日乾乾，夕惕若，厉。"这样就"无咎"。就是说，你应该终日保持警惕性，时时告诫自己，不要犯错误。因为你已经有了职务，人家都盯着你，但你还年轻，没有经验，刚刚上来，上下对你都还不太了解，不知道你能不能胜任，还在观察你，各方面你也没有根基。所以要小心，要经常反省自己。这就是"终日乾乾"，也就是"自强不息"。

这个时候最重要的不是建立业绩功勋，而是不犯错误。在这个前提下才去适当地做些事情，事情没有把握的时候，宁可不要做。这就是"夕惕若，厉。"也就是保持警惕的意思。因为这个时候犯一次错误足可以抵消你的十次功勋，就跟做生意一样，本小利薄的人，一次亏足以抵消十次赚。大公司才不怕亏，而现在的你还不是"大公司"，只是个"小老板"，没什么本钱，亏不起。所以这个时候你还是要表现得有点愚，不要做聪明人。

这样又过了几年，你又升上去了，成为单位的第二把手了，比如说成为副总了。这个时候你处在第四爻的位置。这是"人"之二爻的上爻。这个位置说上不上，说下不下。说上，你没有权力，有名无实；说下，你虽然没有权力，却还有个位置。这个时候你该怎么办呢？

《周易》告诉你：怎么做都行："或跃在渊，无咎。"就是说，你或者显露自己——"跃"，或者不太干什么事——"在渊"，就是潜到水里，人家看不到你，都不要紧。为什么，因为上面还有两位压着，一位是正职，即处在第五爻的那位，还有更高的领导，第六爻的那位。你如果多做一些事情，是帮着正职做。做好了，功劳不是你的；不太做，人家也不会怪你。因为人家（即在你上面的那个正职）正在大显身手。所以这个时候你还是一个愚者。

那么有人会说，老是这么"愚"下去，什么时候才是出头之日呢？别着急，马上就到了。

又过了几年，你成为了单位的正职。这个时候就是"乾"卦的第五爻。第五爻是"天"的二爻中的第一爻。这一爻的爻辞叫"飞龙在天，利见大人"。你是龙，龙终于飞上了天。一生中最美好的时段到来了。这里的"利见大人"，与二爻的那个不一样，这个"利见大人"是指这个时候你终于可以大展身手了，你处于"一人之下，万人之上。"如果在公司里，你是总经理，如果在一个单位比如说局里，你是局长，如果在一个市县里，你是市长或者县长。如果在一个国家来说，古代是皇帝，在现代是总理。除了还有皇太后、太上皇或者董事长、书记在你上面之外，再没有人约束你了。

此时你可以厉行改革，往日里对本单位、本行业有些什么想法，都可以拿出来实施了。这个时候你可以做一个智者，没有必要"藏拙"了。你也不用怕人家会说什么，犯点错误也不要紧了，亏得起，因为你已经是"大公司"了。到了这个位置，上面有人会帮你，下面有人会跟你。有了错误，上面有人替你盖，下面有人替你担。这与你在单位里当个小科长的时候是大不一样了。那个时候，你所有的错误和问题都要你自己扛，而且有时还要替领导背黑锅。所以说那个时候你千万不能犯错误，而这个时候就不一样了。

当然不是说可以随便乱来，一个人到了人生这个阶段，做事情已经有分寸感了，是"知天命"的时候，已经可以把握这个"度"了。

那么有人会问：不是每个人都可以当上这么大的官的。是不是"飞龙在天"只限于极少数的人呢？不是的。从一般人的人生来讲，"飞龙在天"这个阶段大概也就相当于五十多岁的样子。也就是快要退休的时候。一般人都会感觉到这段时间是一生中最舒心的日子。因为到了这个年龄，在单位里，你的年龄和资历都足够老，除了领导，你也不必在意其他人，也是"一人之下，万人之上。"他人一般都保持对你的尊敬，家中儿女已经长成，做人的负担是大大减轻了。而各方面的才干却趋于成熟。最重要的是，这个时候你已经过了提拔的年龄，如果有什么职务，这个时候差不多也到头了，不再对人家构成威胁。退休是看得见的前景，你自己已经无所畏惧。人家一方面尊敬你，另一方面也会让着你，反正你也不会威胁到他的前途。

再者你已经相当成熟，用孔子的话来讲，已经是过了"知天命"之年，知道什么该讲该做，什么不该讲不该做，用什么方式讲，用什么方式做，到了你这个年龄，人家一般也不敢跟你对着干，因为这个时候你不可能再有什么损失了，而年轻人与你为敌却要付出昂贵的代价。所以这个时候，你就可以比较充分地显示自己的智慧，多发表些意见或做些事情。

那么有人会说，既然如此，到了至高无上的第六爻不是更好了吗？最高的位置，再也没有人管着了，做了董事长了，党委书记了，自己完全说了算了。其实不好。《周易》说此爻为"亢龙有悔"。"亢"就是过了"度"的意思。就是讲过了头了，过了界了。因为做人总是要有点约束，有人管着为好，完全没有约束，没有人管，为所欲为，最终要出事情。所以这最上的一爻是必须要有的。在"乾"卦里，最高的这个爻，第六爻，你可以把它理解为原则、体制的制约，也可以把它理解为某个集体或人对某个人的权力制约。怎么理解都可以，但它必须是制约。

《周易》有个特点，它的六十四卦里，第五爻大多数都是比较好的，就算是再坏的卦，第五爻一般也是这个卦里最好的一爻。如果是吉利的卦那当然更不用说了。但是第六爻往往有一个转折。如果是不好的卦，第六爻会转好，如果是好的卦，吉利的卦，第六爻会转为不好。为什么，因为物极必反。

我们从历史上看，中国历史上凡是比较有作为的皇帝，例如汉武帝、唐太宗、康熙、乾隆等人，他们大有作为的时间基本上都在中年的时候。人生的这个时候叫做"上有老下有小"，什么皇太后之类的还在，老一辈的大臣们还在。皇帝的威望也还没有达到使人完全信服的时候，大臣们还敢言，敢犯上，所以皇帝的意志也常常要受到约束，他还不能为所欲为，这就是第五爻所处的位置——上面还有一爻压着，有制约。所以这个时候皇帝们能够"飞龙在天"，大有所为。

等到皇帝年老了，比他老一辈的人都不在了，这个时候皇帝底下净是些年轻的，拍马屁的，没有任何人可以约束他了。这个时候就是第六爻（上九）"亢龙有悔"。按照孔子的说法，人到了这个程度，坐到这个位置上，叫做"贵而无位，高而无民"。环顾四周，既没有朋友，也没有敌人，所有的人都趴在你的脚下，对你唯唯诺诺，你成为孤家寡人一个。——古代皇帝常自称"寡人"或"孤"就是这个原因。

到了这个阶段的人，做事容易"过了头"，比如汉武帝征伐过了头，唐太宗猜疑过了头，康熙宽容过了头，乾隆好大喜功过了头，这不一定是皇帝自己做过了头，而是他底下的人，为了拍他的马屁，向他提供的信息也好，执行他的意图命令也好，都过了头，皇帝他想的、说的、做的可能只是"一"，而底下的人会把它弄到"十"。因为这个时候的皇帝已经没有了任何约束，所以，人们只想、只会奉承他一个人。这个时候，这个皇帝他想不过头都不行。

而且到了这个位置上，腐败也容易产生。大家都知道，现阶段的中国官员的腐败现象是比较多的，为什么腐败，最重要的原因是没有约束监督。第一把手高高在上，没有人监督约束他们。有的时候是没有监督制度，一把手说了算；有的时候制度是有的，但是没有人去执行。所以第一把手的权力必须受到制约。这就是中国古代皇帝被称为"九五至尊"的原因。为什么不叫"九六至高"呢？就是因为《周易》认为，皇帝也必须受制约。皇帝是最受尊敬的，但这不等于说皇帝是至高无上的。

法国思想家孟德斯鸠说过一句很有名的话，现代西方的民主制是经常引用的："绝对的权力必然产生绝对的腐败。"也是主张当政者的权力必须受到约束。它与《周易》的思想也是暗合的。但是《周易》要比孟德斯鸠早了几千年。

这是足以令我们感到骄傲的：我们的老祖宗早在几千年之前，在人类文明社会几乎还处于初起阶段的时候，就对社会规律有了西方思想家在几千年以后才有的深入的认识。这点是连黑格尔也不得不承认的，所以他在《哲学史讲演录》里说：中国人的思想，在几千年之前就达到了现在几乎相同的水平。

那么人真的到了这个阶段应该怎么做呢，怎么做才能防止"亢龙有悔"呢？《周易》告诉我们，那就是再做一次愚者，什么也不做，——"见群龙无首，吉。"群龙无首这个成语，原出自这里。

我们平常理解为许多人乱糟糟的一团，没有一个领头的，是个贬义的用法。但在《周易》乾卦里，这个"群龙无首"是个好事情，是指这个位置上的人不做"首"，也就是都让下面的人干去，你再来一次"潜龙勿用"。否定之否定，看起来又回到了初时的阶段，什么也不主动去做，什么也不主动去说，每天喝喝茶、看看报纸，打打太极拳。

因为一个人在这个位置上，做人到了这个程度，行动也好，说话也好，已经成为洛伦兹所说的"蝴蝶效应"里面的那个蝴蝶了——扇动一下翅膀说不定就会引起一场龙卷风。或者按照梁启超的说法：到了"吐口痰也可以改变历史"的程度，一言兴邦、一言丧邦。你不管怎么做、怎么说都会过了"度"，都会变成"亢龙"，所以最好就是不做、不说，像个木偶一样呆在那里，只起一个"精神领袖"和"偶像"的作用。老子讲："太上，不知有之。"就是讲一个最好的领导者是人们不知道他的存在，不知道有领导者。又说："圣人处无为之事，行不言之教。"说的都是这种情况。这应该是为政者一生最好的结局了。

只可惜很少会有为政者这样想，这样做。相反地，他们往往认为自己还可以做很多事情，觉得还有事情没有做完，或者可以做得更好。所以中国历史上伟大的统治者们，他们的晚年总不是那么完美，总要给后人留下一点遗憾。

你看，《周易》乾卦六个爻，有五个是主张人要做一个愚者的，只有第五爻的位置上，它才认为一个人可以表现一下自己的智慧，所以说，《周易》首先就教人做一个愚者。

坤卦：做"厚德载物"的愚者

下面我们从"坤"卦来看《周易》对愚的认识。

在《周易》里面，"乾"为天道，这里的"道"是准则、发展过程的意思，就是说"天"的运行是遵循这个准则和发展过程的，同时它也是君道、夫道，就是说，作为君主、大丈夫，也是理当如此做，这个准则是阳刚的"自强不息"。

"坤"与此相对，为地道，臣道，妻道，是阴柔的"厚德载物"。坤卦表示的是"地"的发展过程，是臣子或作为女人的一生的过程。坤的意思是"顺"，就是"地"还要承受"天"的坏脾气。天的季节变化是固定的，这是"诚"；但平常的天气是变化无常的，阴晴雨雪没什么定数，经常说变脸就变脸，引起自然灾害。而首当其冲的受害者就是"地"。旱灾使大地干裂，不能生长，作物枯死；水灾冲去地表沃土，岩石裸露。但是在这整个过程中，"地"都是默默承受，并没有表现出任何的反抗不满。这就是"顺"了。因此，与乾卦相比，坤卦更强调要做一个愚者。既不要随便开口，也不要随便做事，一辈子要小心翼翼，无怨地承受一切。这就是"厚德载物"了。

比如初爻："履霜，坚冰至。"意思就是：要小心，事物刚刚开始。看见霜了，脚踩到霜了，就知道冬天就要来了，冬天当然不是什么好天气，所以要善于忍受。对于一个女孩子来说，它的意思是：一开始就要学妇道。妇道的最根本的特点就是顺从。就像《女儿经》里面一开始讲的那样："习女德，要和平，女人第一是安贞。"所以女孩子最要紧的就是学会"顺从"。我们知道，小孩子不管男女，天性都是自由的，都是由着性子来的。这种自由的天性，在男孩子还好说一点，在女孩子则必须坚决管教。绝对不能宠着她，无法无天。如果小时候不管教，等她长大了就难管了，就麻烦了。

坤卦第二爻："直、方、大，不习无不利。"意思是说做人应该正直（直）、坚持原则（方）、但光有这两者还不够，还要有宽广的胸怀，虚怀若谷（大），能够容忍那些不好的事情。如果能够这样了，不做事（不习）也没有什么坏处。这个爻位与"乾卦"中的二爻的位置是一样的，就是一个人所处的位置已经上升了，事情有所发展了。但也还是要做一个愚者：坚持原则，不要随便做事。对女孩子来说，这个二爻大概相当她于十五六岁，能帮着家里干点活那个时候。"坤"卦告诉人们，女孩子能做点事也好，不会做也不要紧。孔子在《论语》当中一开头就说："学而时习之，不亦悦乎？" 学习了什么以后要去做。这是一种阳刚的行为。这是对男人、也就是"君子"的要求。"乾"卦主张君子要"自强不息"，也是这个意思；但"坤卦"不一样，它是对妇女的要求，是阴柔的。所以它主张"不习无不利"。中国古代封建社会对妇女的要求是"女子无才便是德"，大概是从这里来的。因为这里首先就强调良好的道德品质——直、方、大，至于会不会做什么事是不要紧的。不习无不利。

作为一个臣子，也不一定要读很多书，不一定要很有学问。有一句话叫"以半部《论语》治天下。"这句话出自宋朝宰相赵普。当时的皇帝赵光义问他："人家说你从不读书，是真的吗？"他回答说："说我不读书是假的。但我书读得少是真的。我只读一部《论语》。我已经以半部《论语》辅佐太祖取得了天下，现在将以剩下的半部

《论语》辅助陛下治天下。"后来他果然辅助宋太宗治平天下，做了一辈子的太平宰相。

宋代是文人学士辈出的年代，例如王安石、苏家父子四人等皆是饱读诗书之人。但是都不如赵普过得平安，过得滋润。苏东坡晚年曾写诗道："人皆养子望聪明，我被聪明误一生。惟愿孩儿愚且鲁，无灾无难到公卿。"就是对此的最好说明。

第三爻："含章可贞，或从王事，无成有终。"意思是说，有什么本事也不要显得很突出，要坚持道德，跟着君主做事，即使没有什么自己的成果，但也可以终身保平安。对女孩子来说，这一爻的位置大概相当于十七八岁，有人来提亲的阶段。女孩子到这个时候，妇德之类也学得差不多了，该嫁就要嫁，可能嫁得好，将来夫荣妻贵，"或从王事"，也可能嫁个丈夫没有什么成就，但即使没有什么成就，这个丈夫他也是你的终身依靠，所以说是"无成有终"。

对为臣的来说，这一爻的位置与"乾"卦相似，也是个小科长的位置。领导看中了你，让你去干事，"或从王事"，让你干你就干，不要太冒尖，即使干不出什么成果也不要紧。这点我们前面已经说过，一个人跟着领导做事，他所有的成功都要归功于领导，不能归于自己。这样他一生看起来就没有什么成果。

在机关里工作的人往往都有这样的体会：一天到晚不知道忙什么。比如一个秘书，跟着领导一年忙到头，回过头来想一想，好像做了很多事，又好像什么事也没有做。写个总结也没有东西可写。所以常有人说，机关的工作很空，没有实际的成果。但你要知道，这个"没有实际成果"就是成果，这个工作就是终身的保障，退休以后就靠这个领退休金，所以说是"或从王事，无成有终"。

第四爻："括囊，无咎。"括囊，意思是把嘴巴封起来，不要多说话，这样就不会犯错。这个四爻是处于女孩子已经出嫁，成了媳妇的阶段。到了新的家里，最要紧的是管紧嘴巴。常言道：三个女人一台戏。女人妯娌之间、邻里之间聚在一起，最爱搬弄是非，窃窃私语。这样就容易给自己造成矛盾，给家庭造成不和。所以这里就要求新媳妇保持沉默。这当然也是做一个愚者。

对为臣的来说，这个阶段也是属于刚刚提拔的阶段，这个新职也是个副职，有位无权，所以也不要太会说话，不要锋芒毕露。要做一个愚者。愚者的一个主要标志就是不太会说话，智者的一个主要标志就是能言善辩。古今中外的思想家大多主张一个人要少说话，所谓沉默是金。这样你可能不会有什么好处，也没有什么功劳，但至少不会犯错。

第五爻："黄裳，元吉。"前面说过，第五爻一般是一个卦中最好的爻。"坤"卦也是一样。如果说在"乾"卦里它是成为皇帝的位置（这里的前提是上面还有个皇太后），那么在坤卦里，对于臣子来讲，大概也就是相当于宰相；对于贵族妇女来讲，大概相当于做了皇后或者贵妃，对于一般女人来讲，大概相当于替夫家生了个男孩。这个地位就巩固了，说话就有份量了。所以是"元吉"，元，是开始的意思。坤卦前面各爻都不怎么好，最多也是个"无咎"，一直到了这里，开始"元吉"了。也就是说，事情开始变化，向吉的方向发展了。

虽然如此，但是《周易》仍然主张要以柔顺为主。少说话，少做事。"黄"，就是中庸之道、安静的意思。在中国传统文化当中，五行与五色和五个方位是相对应的：金为白，主西方；木为青，主东方；水为黑，主北方；赤为火，主南方。黄色代表土地，土居中央。所以黄色在五色（青、赤、黄、白、黑）中处于中间的地位，所以是中庸。土又代表安静，不做什么事；"裳"的意思是对下。因为古人的服装，下身的衣服叫"裳"。所以"黄裳"的意思是对下面的人要和气、柔顺。这当然也是一个愚者的形象。

第六爻："龙战于野，其血玄黄。"前面说过，《周易》的各卦中，最后一爻往往代表着物极必反，"坤"卦也是这样。第六爻这个位置，对女人来说，就是"多年的媳妇熬成婆"。像《红楼梦》里的贾母。丈夫不在了，儿子娶媳妇了，自己处在了家庭权力的顶峰。如果以前是皇后，那么现在是皇太后了。儿子虽然是皇帝，也还要听母亲的话。底下有媳妇可以使唤了，所以现在是扬眉吐气的日子终于到来了。这个时候就不会像"乾卦"上九爻一样，出现"亢龙有悔"，而是要"龙战于野"。作为皇太后，她可以否决皇帝的圣旨，她要掌握全局，掌握整个朝廷。以前老是顺从人家，现在是人家顺从你；所以这个时候的女人，反而是一生当中最有作为的黄金岁月。她不用再一味地表示顺从了，她也可以表示阳刚的一面了。

我们看到，中国历史上的女人，一般是进不了政界的，有那么极少数的女人成为了政治家，一般也就是在她们成为皇太后的时候。其中最典型的就是清朝的两位：孝庄太后和慈禧太后。武则天是中国历史上唯一的女皇帝，她也是一直到了六十多岁的时候才真正当上皇帝，真正掌握政权。只有在这个时候，女人才作为带有点阳刚的、智者的形象出现。

所以你看，《周易》的"坤"卦，虽然与"乾卦"之道不同，但其做人的思想是一致的，即人在一生中大部分时间里都要以一个愚者的形象出现。

《周易》四卦论智愚

愚者如山，智者如水。愚者与智者的关系，就如山与水的关系。因为愚者往往因坚持原则，不善变通而愚。就如同山那样，矗立万年而不变。水就不一样了，它没有固定的形状，随处应变，放在什么容器里就是什么样子。这就是智者，智者之所以为智者，就是因为他们善变。《周易》是用山和水来比喻愚者与智者的关系的。因为古人讲天人合一，讲自然就是讲人事。

《周易》里面有四个卦："水山蹇"、"山水蒙"、"泽山咸"、"山泽损"，这几个卦讲的都是山与水的关系，它所描述的既是自然现象，也是社会规律。我们在这里就从这几个卦出发，说明愚与智的关系。

"山水蒙"在《周易》当中象征着事物发展的初起阶段，卦象是山在上，水在下，"蒙"即启蒙的意思。我们知道，长江大河都是从高山发源的。中国的黄河长江都是起源于青藏高原的大山，所以李白诗云："黄河之水天上来"；王昌龄诗云："黄河远上白云间。"这是有地理根据的。不过《周易》早就看到了这个。《周易》还认为：自然界的水起源于山，人类社会的智，起源于愚。如果从"启蒙"这个角度理解，这里的愚可以有两种解释：一是愚昧。人类由愚昧产生智慧。第二种解释说愚是原则、理想。为了实现理想与原则，人们就需要智慧，需要知识。所以就要启蒙。

如果从社会组织中的愚者与智者的关系来理解，那么它的意思是，在一个成功的、有效率的组织中，应该是愚者居上，智者居下，愚者领导智者而不是相反。这点我们从中国历史上看也能得出。大凡开创了一个王朝的领导者，他们有理想、有原则，能树起一面旗子。他们的手下大多有一批智者，而他们本人倒不见得比手下的人高明，也就是说这些领导者相对来说是一个愚者。比如刘邦、朱元璋、刘备、孙权等等都是这样。这样一个组织就能"启蒙"，也就是开始新的事业了。

"水山蹇"卦象是水在山上，象征事物发展的困难阶段。因为水在山上，就会到处乱流，山洪暴发，产生泥石流，这个时候人还怎么敢在山上行走呢？所以是"蹇"——走路困难的意思。

从人类社会来讲，一个失败的组织，它的特点就是"水在山上"，即智者位于愚者之上，在这样的组织当中，智者在上，而智者的特点就是没有什么理想原则，一切以利益为转移。智者的智得不到约束，为了一己私利滥用智，再加上底下的愚者们盲目跟从，一味愚忠，就会产生恶果。

孟子曾去魏国，梁惠王问他："你来了，能给我们国家什么好处吗？"孟子说：怎么大家都要什么好处呢？你作为国君要好处，大臣们也要好处，百姓们也想要好处，这个国家就危险了，"上下交征利，国危矣！"一个国君应当只讲仁义才对。所以在孟子看来，一个国家或组织的最高领导人不能是个智者，必须是个愚者。这意思是说，他必须是个坚持理想、坚持原则的人，而不能是唯利是图的人。这跟我们前面讲"乾"卦，讲到第五爻的时候的思想是一致的。

在《西游记》里，唐僧师徒四人组成一个去西天取经的团体。为首的唐僧是个典型的愚者。毛泽东曾写诗评论他："僧是愚氓犹可训。"唐僧为人有点书呆子气，经常是非不分，人妖颠倒。很多时候，由于他的这些缺点，给取经事业增添了不少困难和麻烦。好几次差点导致取经的失败。我以前读《西游记》，对唐僧是恨铁不成钢，心想要是孙悟空来领导"取经事业"就好了，一定早就到西天了。相信不少人跟我有同样的想法。

但是自始至终，唐僧都是领导者。为什么呢？

这并不完全因为唐僧的地位（生前是佛祖的第二弟子），最主要的是因为在这四人里面，唐僧取经的决心是最坚定的，从来没有动摇过。而这一点是其他三人所不及的。如果换一个人当领导，比如说换孙悟空，尽管他可能更聪明更灵活，但他的理想的坚定性与原则性比起唐僧来要差得多，说不定什么时候取经的目标就走偏了，孙悟空就解散这个取经的组织，自己回到花果山去了。其他两人猪八戒和沙僧更不用说。所以，只能是唐僧当领导者。尽管他也会犯错误，但他不会犯方向性的错误。而其他人虽然可能不犯小错误，却可能出现方向性的大错误。

"泽山咸"，这是一个很吉利的卦。这里的"泽"就是水。

有人可能会说：你刚才说水在山上，是不吉利。但"咸"卦也是水在山上，却又是一个很吉利的卦，这是怎么回事呢？

"泽"在这里是水，但它是润泽，下雨的意思。《周易》里解释"泽"说："润泽天下，万民皆悦。"要注意：这里的泽，并不是大雨，不是那种会发山洪的雨。润泽，那就是小雨。山上要经常下点雨，这样这个山就是山青水秀的，有生气的。比如黄山，常年有雨，所以虽然黄山上泥土很少，基本上是座岩石山，但就是因为有雨水润泽，也是树木葱茏，成为绝佳的风景胜地。这里的"咸"就是"感应"的意思。山上下雨，山与水相互感应，就能成为一个良好的生态系统。

拿到人类社会来讲，就是虽然组织里是愚者领导智者，智者处于愚者之下，但是这个愚者要礼贤下士，要尊重智者，甘当小学生，这样才能发挥他们的才干，你虽然地位比智者高，但是你要自觉地把自己摆在低位。如此，上下交流，这个组织才会有生气。比如刘备对诸葛亮，刘邦对张良、萧何等，都是很好的例子。只有领导尊重底下的人，底下的人才会尽心尽力地替你卖命。

另外还有个卦叫"地天泰"也是这样的。本来应该是天在上，地在下，从一个国家来说，也就是统治者在上，其他人在下；但是这个卦却倒过来，地在上，天在下，象征着统治者屈尊俯就，把老百姓摆在自己的上面，也就是执政者为民服务。《周易》说，这样做，就能做到"泰"，也就是国泰民安。

其实，"咸卦"在《周易》里本来就有高位者居于下，低位者居于上的意思，因为"泽"在《周易》里还代表是少女，"山"为少男。我们知道，封建社会的礼制是男尊女卑，所以在正常的情况下应该是男居上、女居下。但是《周易》讲，这也不是绝对的，在某些时候，也可以"男下女上"。什么时候呢？就是男孩子追求女孩子的时候。这个时候男人就要尊重女孩子，把女孩子供起来，摆到自己上面，要事事顺着她。这样双方才会产生感应，她才会爱上你。"咸"就是"感"。所以这个"咸"卦指的是少男少女的恋爱。

到了中年男女，也就是成为夫妻关系的时候，那就不能这样了。《周易》里面也有这样一个卦，叫"雷风恒"，上雷下风。夏天，雷阵雨来的时候，先是打雷，跟着就刮风，这是自然界的现象；从《周易》卦象来说，雷为中男，风为中女，男上女下，男外女内，它象征夫妇之间"永恒不变"的秩序，所以叫"恒"。所以，《周易》是既讲自然也讲社会，两者合一，它用自然界现象来说明人类社会。

　　"山泽损"，这也是一个讲愚者与智者关系的卦。这里的泽是深潭的意思。山上的瀑布冲下来，在山下形成一个深潭，这样，山就越发显得高了。所以说是山泽损，"损下而益上"。从人类社会来说，愚在上，智在下，就是表示社会组织由愚者来领导，愚者节制智者，智者在愚者的领导下发挥他们的聪明才干。这个前面的"山水蒙"卦已经说过了。

　　"山泽损"这个卦在这里进一步指出：这个时候的智，就是为愚服务的，也就是为理想、原则服务的。很多时候，组织里的事情虽然是智者做的，功劳却不能归于智者，而要归于作为领导的愚者。如果有什么错误，还要由底下的智者来承担责任。这是为了维护一个组织的凝聚力，维护领导者的威信。这个叫"损下益上"。如此，这个组织便是成功的。

　　在这方面，周恩来是一个很好的例子。在中国共产党的领导人当中，周恩来是一棵"长青树"。其他领导人都是几经沉浮，甚至遭遇灭顶之灾，唯独周恩来的位置坐得稳稳当当，建党以来一直位于领导集团核心，建国以后几十年，宦海无波，太平总理一直到老。其原因就是周恩来深谙"损下以益上"的道理。低调做人，低调做事，把一切功劳归于领导，有了错误首先检讨自己。

　　马基雅维里在《君主论》中对领导者与下属之间的"泽山咸"和"山泽损"的关系有一段论述，讲得非常好。当然他不知道《周易》，但其精神与《周易》是一致的。这段话是对君主讲的：

　　"如果你察觉某个大臣只想着自己，不顾君王，并且在他的一切行动中追求他自己的利益，那么这个大臣决不是一个好的大臣。你绝不能依赖他；因为国家操在他的手中，他就不应该只想着他自己，而应该忠于君主。另一方面，为了使大臣保持忠贞不渝，君主必须常常想着大臣，尊敬他，使他富贵，使他感恩戴德，让他分享荣誉，分担职责。使得大臣知道，如果没有君王，他就站不住。当大臣们与君主之间是处于这样一种情况的时候，他们彼此之间就能够诚信相孚，如果不如此，其结果对彼此都是有损的。"

——《君主论》第二十五章

孔子怎么看待智与愚？

孔子观于鲁桓公之庙，有欹器焉，孔子问于守庙者曰："此为何器？"守庙者曰："此盖为宥坐之器。"

孔子曰："吾闻宥坐之器者，虚则欹，中则正，满则覆。"

孔子顾谓弟子曰："注水焉。"弟子挹水而注之。中而正，满而覆，虚而欹，孔子喟然而叹曰："吁！恶有满而不覆者哉！"

子路曰："敢问持满有道乎？"孔子曰："聪明圣知，守之以愚；功被天下，守之以让；勇力抚世，守之以怯，富有四海，守之以谦：此所谓挹而损之之道也。"

——《荀子·宥坐》

孔子带着弟子们去到鲁桓公的庙中参观，看到一个歪着的东西放在那里，就问守庙的人："这个东西是干什么用的？"回答说："这是国君放在自己的座位边上用来警戒自己的。"

人们听了都很奇怪，这样的东西怎么能警戒一个人呢？孔子解释说："我听说这个东西，空着的时候就会倾斜、歪着；注入了一半的水就会平正，放满了水又会翻倒。我们可以试试看。"

他回过头来对弟子们说："往里面注水。"弟子们就开始往这个东西里面倒水。果然，水注入到这个器具的一半容量的时候，这个器具就开始直立起来、端端正正；但等到倒满了水，这个器具却翻倒了。水全部倒了出来，这个器具也就歪着了。

见此情景，孔子长叹曰："是呀，哪有满了而不倾覆的呢？"他的弟子子路不失时机地请教孔子："那么，有没有能够在满了的时候还能保持不倾倒的办法呢？"

孔子说："有的。如果是一个聪明人，看事情看得特别清楚，平常就要显得愚一点，不要太聪明了；功盖天下的将相，就要谦让一点，不要事事争先；英勇无敌的勇士，平常无妨显得怯懦一点；富甲天下的人，平常为人要低调一点。总的说来，就是抑制自己、低调再低调。用这个方法，可以使一个人功成而不倾，富而能久、高而不危，从而整个社会也就达到了长治久安。"

我们知道，儒家的整个学说的中心思想就是要人们成为"君子"，君子是"仁者"。那么仁者的标志是什么呢？是愚。君子就是愚者。

孔子主张人们要学习，但他这个学习不是要人成为智者。他其实是希望人通过学习变得愚一些，孔子是反对人太聪明的。

因为太聪明的人离"仁"就有点距离了。

孔子经常把"智"与"仁"对立起来讲，比如说："知者乐水，仁者乐山；知者动，仁者静；知者乐，仁者寿。"我们知道，山和水、动和静，从性质上来讲都是对立的。所以也可以说，在孔子的心中，智与仁是不同的东西，至少它们之间是有相当距离的。

最能明确表示孔子认为智和仁对立、愚与仁接近的思想的是他的三句话。一句是"巧言令色，鲜矣仁。"意思是说，太花言巧语的人，没什么道德可言。而能够巧言令色的，当然只会是智者，不会是愚者。

另一句是"刚毅木讷，则近仁。"意思是说，如果此人看起来有点木乎乎的，那么这个人离仁已经不远了。

还有一句话是："仁者安仁，知者利仁。"意思是说，仁者安于仁，他本身就在仁之中；智者利用仁。也就是说，智者认识到仁对他有好处，所以讲仁。但智者本身并不是仁。

孔子又说，君子是容易受骗的人，也是没有小聪明的人。所以，不可以用小事情去试他，也不可以去骗他（"君子不可小知，而可大受也。""君子可逝也，不可陷也；可欺也，不可罔也。"）容易受骗，没有小聪明，这不都是愚者的表现吗？

孟子也在《万章上》中说过这样两个例子：一是仁君舜的弟弟装着很爱舜，舜也信以为真。结果差点被他害死；二是郑国的仁者子产命仆人将人家送给他的鱼放生，但仆人把鱼煮着吃了，反而骗子产说鱼已经放生，子产也很高兴地信以为真，结果被仆人嘲笑。

孟子解释说，君子为什么会受骗，原因是君子心地纯洁善良，爱所有的人，不以恶意揣度他人，"故君子可欺以其方，难罔以非其道。"这是继承孔子的话来的，意思就是你可以欺骗君子，让他上当，但不能借此就怀疑君子之道。但是作为有志于成为仁者的人来讲，受骗上当的次数多了，难免会对自己的志向发生动摇。所以孔子讲，君子除了好仁还要好学，学会"知人"，这样才不会"可陷可罔"。

孔子最欣赏的学生颜回，就是个愚者。他听孔子讲课，总是木乎乎地坐在那里，从不发表意见、提问题；以至于孔子以为他啥也没听懂。后来才知道不是那么回事。颜回他还是听懂了，只是他不太会说话而已（"吾与回言终日，不违如愚。退而省其私，亦足以发。回也不愚。"）

所以，孔子认为，一个人学习做君子，也就是"学着"愚一点。他的学生子夏说，一个人若是能做到"贤贤易色，事父母能竭其力，事君能致其身，与朋友交言而有信"，"虽曰未学，吾必谓之学矣。"也就是讲要成为一个君子，必须要经过学习。

老子：人应该回到无知无识的婴儿状态

一说到道家关于智与愚的思想，我们首先就会想到老子有一个"愚民"的思想。这个思想是这样表述的："常使民无知无欲。使夫智者不敢为也。为无为，则无不为。"意思是说，治理国家，要使老百姓无知识，无智慧，也没有欲望。如此，则一些智者也不敢说什么话了。这样，就可以做到天下大治。

大概没有人会否认老子是一个具有高度智慧的思想家。但他主张人们不要道德，不要学习，为什么呢？

老子生活在春秋时期，那时候有一批智者，他们游走于各路诸侯，凭着自己的三寸不烂之舌和一点小聪明，今天到这个封地，明天到那个封地；今天挑动这个国反对那个国，明天挑动那个国反对这个国，因此弄得天下大乱。老子看到这种情况，深感所谓的知识与智慧并不能增进社会安定和人民幸福，知识和智慧会挑动人的欲望，而人的欲望永远也不能满足，社会和自然资源又是那么的有限，所以所谓智慧与知识只能给社会带来动乱，给人带来痛苦。

比如一颗钻石，如果随意地丢在地上，大家也不知道钻石有什么用，如何的难得，那么恐怕没有人会把它当回事，一脚就踢开了。但是如果有人发现了它的价值，专家出来讲，说钻石如何如何的珍贵，那么人们就会把它放在玻璃柜里，标价一千万，用几个警卫站在旁边，结果人们就会到处去寻找钻石，为了争夺钻石而打得头破血流。

所以老子说："不尚贤，使民不争；不贵难得之货，使民不为盗；不见可欲，使民心不乱。"就是说，不要把什么专家学者供起来，也不要把例如钻石这样的难得之货价格标得奇高，不要让老百姓看见那些会撩动他们欲望的东西，比如女孩子不要把裙子弄得那么短，大腿不要露出来，这样，民风就会淳朴，社会就会安定。"绝巧弃利，盗贼无有"。"少思寡欲"，"绝学无忧"。

孔子认为人可以通过学习变得聪明，变得有德性。孔子当教师，教人家学习，他想要教的是那种举一反三的聪明人。不能做到这一点的人，孔子是不要教的（"举一隅不以三隅反，吾不复也"）。

但老子不这样看。他知道世间的凡人不可改变，愚蠢而固执，只求满足自己的动物欲望，所以学了也是白搭，不但不会提高世人的道德水平，反而会导致道德堕落，不如不学。

老子讲："为学日益，为道日损。损而又损，以至于无为。无为而无不为。"就是说，一个真正得道的人应该什么知识都没有，即使有什么知识也应该统统忘掉，这样就什么事也做不了了，但什么都不会，他就懂得了"道"，这样，他做什么都没问题了——"无为而无不为"。

他认为，一个人最好是成为"赤子"，即婴儿的意思。什么也不懂，什么也不会。

至于他的后继者庄子，则更是讲要人连自己有没有身体，有没有四肢都忘掉，最好是连自己是什么，有没有都不知道。这个叫"吾丧我"。这样才能悟得道。

老子主张要彻底的愚，但庄子的看法有点不太一样。他认为，做人既要愚，也不能太愚。要处于智与愚之间。即做人要处于"材与不材之间"。

庄子有一次带他的学生旅行，路过一个田野，看到一棵大树孤零零地站着。学生问：这棵大树为什么没人砍它呢？庄子回答说：因为这棵树不成材。弯弯扭扭，做不了任何东西，所以没人砍。他借题发挥说：做人也要这样，不能做那种很有才的人，那种人会被人用，保不住性命。

到了傍晚，他们投宿一个朋友家里。朋友很高兴。杀鸡款待。仆人问：家里有两只公鸡，一只能打鸣，一只不能打鸣，杀哪只呢？主人回答：杀那只不能打鸣的。

于是学生就问庄子了：您不是说那棵树是因为无材，才没有被砍吗？但这只公鸡却因为无才而被杀，那应该怎么办呢？

庄子回答说：那就既不能有才，也不能没才，要处于"材与不材之间"。

总起来说，道家和儒家都主张人要愚一些，但儒家认为人可以通过学习来达到愚；而道家认为人只有不学习，返回自然才能达到愚。

今天的我们已经不能简单地"返回自然"了。社会上有不少人，连自己的名字都写不好，什么文化程度根本无从谈起，但是不讲诚信、虚伪的小聪明，不学就会，无师自通。所以我认为还是孔子讲得对，要成为一个有点愚的君子，需要经过刻苦的学习，需要有大智慧。

人这个东西就是这样的奇怪：很多本能的东西、纯朴的东西，现代的人已经不会了，需要经过学习了；而很多人为的东西，却似乎是不要学习，生来就会的。

愚是道德的起源

没有愚就没有道德。人一旦有了智慧，道德就消失了。老子说："智慧出，有大伪。"又说："绝圣弃智，民利百倍；绝仁弃义，民复孝慈。"就是说，真正的道德是不讲道德的，当你开始讲道德的时候，已经意味着没有道德了。只有不讲道德，才可能有真正的道德。

为什么不讲道德才有真正的道德？孔子解释了这个问题。他说，真正的道德（仁）是发自内心的。我欲仁，斯仁至矣。想要仁，你就可以达到仁。想要做雷锋，你今天就可以成为雷锋。你只要把他人当作自己，设身处地地为他人着想，你自然会伸出手去帮助他人，会关爱他人。这是一个人天生就有的倾向，是不需要学习的。孟子把它叫做"恻隐之心"，也就是同情心。

但是聪明人就不一样了。一个愚者，他只会按照他内心的愿望去做，所以他可以很容易地达到仁。就算他不想这么做，想谋点自己的利益，由于他愚，所以他也不会找借口，找理由。因此他会感到脸发烧，感到不好意思。这样就有"羞恶之心"和"是非之心"，就是后来王阳明讲的"良知"——"知善知恶是良知"。就还有教育的余地。

而聪明人呢？他不但会给自己谋利益，还会想出各种各样的理由，给自己寻找借口。最典型的就是孔子的弟子宰予。他在孔子的弟子中是以聪明善辩出名的。他不想给父母守孝，于是就对孔子说，给父母守三年孝太长了，因为君子守了三年孝，不去过问社会和家庭里的"礼"，礼必崩，不去过问"乐"，乐必坏。这个叫"礼崩乐坏"。

我们今天就有这个成语，是用来形容社会秩序的混乱的。这个成语就是从宰予那里来的。你看吧，宰予他实际上是为自己打算，不想守孝，想去享受，但他还找了个冠冕堂皇的理由，说是为社会的礼乐秩序考虑。

所以宰予就说，我守一年行不行啊，孔子问他，你只给父母守一年孝，心安吗？他本来以为宰予会说心不安。想不到宰予回答说："安！"把孔子气得没办法。只好说，你既然心安，那你就去做吧！

这就是聪明人做的事。因为他给自己找了个理由：守三年孝会导致礼崩乐坏，所以我只能守一年孝，我只守一年也是为了社会大众，所以他就"心安"了。我们常说"心安理得"，理得了心才能安。"理得"是"心安"的前提，没有理，心安不了。

聪明人不是说不知善，不知恶，聪明人当然知善知恶，但是他会用另外一个"善"来反驳真正的善，用表面上的"善"来掩盖自己内心的"恶"。这样他就可以心安理得地继续做下去；而愚者不会这样做，他只会直接地表现自己，找不到或者说不会找什么理由为自己开脱，这样，他就很难心安，也就很难继续做恶，很可能在旁人的教育下醒悟过来。

金庸小说《笑傲江湖》里有两个坏人，一个叫田伯光，一个叫岳不群。这个田伯光是个"采花大淫贼"，好色。但他有个好的地方：心直口快，心里有啥说啥，不虚伪——"我就是采花大淫贼，怎么啦？"不虚伪，做起恶事来，也是堂堂正正地做，这样就还是有点"善根"，最后还是皈依我佛，走上了正途。而那个虚伪的岳不群，就不行了，虽然人很聪明，很善于伪装自己，但是越聪明就越不能回归正途，最后是身败名裂。

所以，虚伪是最大的恶。而一个表里如一的人，也就是有点愚的人，不管他做了多少坏事，终究还是有可能得到挽救的。

孔子曾告诫他的学生子夏：要做君子儒，不要做小人儒。这里的"小人"是指从事具体工作的人，也包括劳动者。子夏听了孔子这句话之后，后来有一句深有体会的话，说："虽小道，必有可观者焉；致远恐泥，是以君子不为也。"

小道，就是指一些具体工作，这些具体工作也需要技巧，也是了不起的。"必有可观者焉"，所以能做这些事情的都是智者。但是如果你整天做这个事情，就会被粘住，你的心态和思维方式就会成为这样一种人，这就是"致远恐泥"，就会变成"小人儒"；所以"是以君子不为"。

孔子又说，君子不器。就是说君子不固定地做某一项具体工作。不去做不是说看不起它，而是不能去做它。所以君子是一个什么都不会的愚者。

庄子也有类似的一个说法，叫做"有机事者必有机心"。庄子用一个吊桶在水井旁打水，很辛苦，旁边人看见了，就说，那儿不是有辘轳吗，为什么不用那个东西打水呢？庄子就回答："有机事者必有机心"。

就是说，你从事什么工作，你的心必然往那边走，比如说你经商，你的心必然被"商"所占领。你会用商人的眼光来看待这个世界。卖草帽的人总是希望天气多晴几天，卖雨伞的人总是希望天多下雨，做医生的人总是希望人多生病，卖棺材的人肯定不希望没有人死……

在孔子看来，这样的人会只顾"利"，没心思顾"义"；在庄子看来，这样的人的心会变成"机心"，而失却本来的"道心"。所以儒道两家在这点上是共同的，即都认为一个得道的人、一个作为君子的人不能专心于某项具体工作。

这样的人看起来就是愚者，但也是治国平天下的领导者。而精通某种学问的专家却不一定能成为这样的人。

毛泽东的"老三篇"

如果我说毛泽东是一个愚者，你可能不会同意。但事实就是这样。

之所以说毛泽东是愚者，一是因为他承认自己是愚者；二是他号召人们做一个愚者；三是他的行为特征也就是一个愚者。

毛泽东说自己是个愚者。他说过，群众是真正的英雄，而我们自己则往往是幼稚可笑的。这个"我们自己"，就包括他自己。这样的意思他重复过多次。他说，自己最大的愿望就是做一个小学生，跟大家一起向群众学习。

文革期间，毛泽东曾有一个著名"老三篇"，即毛泽东从自己一生的著作中选取出三篇推荐给全国人民学习。这三篇文章推崇的是三个人，这三个人都是愚者。

第一篇文章《为人民服务》，推崇的是张思德。一个普通的八路军班长。他所有的事迹就是老老实实地做好自己的一份工作：烧炭。而且他是因为塌窑的事故而死的，不是什么因为抢救集体财产或者舍己救人而死，当然更不是英勇牺牲在战场上。张思德为人淳朴敦厚，一个参加过二万五千里长征的老红军，到了延安那么多年，当年跟他一起战斗的同志们都已经是大干部了，而张思德还在烧炭，只是个班长。

这样的人不是愚者，那还有什么人会是愚者呢！

第二篇文章《纪念白求恩》，推崇的是白求恩。说白求恩"愚"是因为：他放着加拿大皇家医学会顶尖的外科医生不做，不远万里来到中国，帮助一个跟自己毫无关系的中国人民的抗日战争。你说帮助人家也不是不可以，能给自己弄个好名声，但总要给自己留点退路。比如说捐点钱，在后方做些指导培训工作，做点慈善事业，太危险的地方就不要去了。当时有许多聪明人就是这样做的。当时的八路军也是希望他这样做，比如留在延安做医生。他却坚决要求上前线，不但没给自己留退路，最后反而连命都搭上了。

第三篇文章《愚公移山》，推崇的是中国古代神话传说中的一个人物：愚公。中国古代《列子》里面一篇并不怎么样的神话故事，因有了毛泽东的引用而闻名天下。

这个"愚公"他愚到什么程度呢？他的家门口有两座大山，挡住了他家的去路，他居然想用锄头挖平它们，以使自己出门方便些。一个比较聪明的老头子叫智叟的告诉他，这是不可能的。他却回答说：怎么不可能呢？这两座山虽然很高，却是不会再增高了，挖一点就会少一点。我今天挖一点，明天挖一点，子子孙孙一代一代接着挖，有什么挖不平的呢？他说到做到，果然带着他的儿子们每天挖山不止。

毛泽东说，他自己和中国共产党人就是愚公。他们也在做着一件看起来不可能的事：挖掉帝国主义和封建主义这两座大山。他们也希望能感动上帝，这个上帝不是别人，就是全中国的人民大众，"全中国的人民大众一道来和我们挖这两座山，有什么挖不平的呢？"

至于聪明人，例如寓言中那个认为不可能用锄头挖掉两座大山的"智叟"，是毛泽东嘲笑的对象。

毛泽东主张共产党员对任何事情都要问一个为什么，提倡独立思考，甚至提出要敢于"反潮流"。还具体化为"五不怕"。就是不怕杀头、不怕坐牢、不怕开除党籍、不怕撤职、不怕离婚。毛泽东不光这么说，自己也这么做。他经常跟强者、跟领导对着干。在井冈山时期就是这样，一意孤行，自作主张，不执行中央的指示，就算是被人撤职、开除，也要坚持自己的意见。当时的中共领导人瞿秋白曾经说：在中共党内，有独立思想的，泽东同志算一个。也不知是表扬还是贬意。

　　毛泽东的许多做法总起来说，可以总结为"不识时务"。中国人有句话："识时务者为俊杰。"毛泽东往往"不识时务"，所以他是愚者。

西方大哲学家自认愚者

中国儒家文化教人自认为愚者，自觉地做愚者，西方文化其实也是这样。只是两者的"愚"所处的关系和对象不同。在中国文化中，是教人在人际关系中做愚者。但是，儒家和道家同时认为，人在面对自然和命运的时候有足够的智慧做一个智者；西方文化却认为，人面对自然和命运时应该把自己当作愚者，自觉地做一个愚者。

之所以会有这个区别，在于中西方文化的起源不同。中国传统文化起源于《周易》的卜筮，也就是算命、预测。中国人相信通过这个《周易》，人可以和天地相通，可以知晓自己的命运。《周易》里面说："夫大人者，与天地合其德，与日月合其明，与四时合其序，与鬼神合其吉凶。"古代好像也确实是这样。至少《左传》里就记载了不少关于《周易》预测准确的事例。

所以《中庸》里面讲："至诚之道可以前知。国家将兴，必有祯祥；国家将亡，必有妖孽。见乎蓍龟，动乎四体。祸福将至，善，必先知之；不善，必先知之。故至诚如神。"意思是说，国家将要发生什么事情，都是有预兆的，人只要心够"诚"，就可以通过占筮、龟卜等预见一个国家和个人的未来。

所以孔子讲，君子应该"知天命"。甚至说："不知命，无以为君子。"

但西方文化没有我们这样的《周易》，西方文化的源头是古希腊文化。而古希腊人认为，命运是由神来把握的，人不能去"知命"。人不知道自己的命运还好些，越是了解，反而越是掉进命运的陷阱。

能够表示西方人的这个思想的，是古希腊的一个神话："俄狄浦斯的故事"。

　　古埃及的底比斯国王生了一个儿子，他很高兴，取名为俄狄浦斯。国王还请了智者来预言他的命运。想不到智者给出一个很恐怖的预言。智者说，这个孩子长大以后将要杀父娶母。这个国王吓坏了，下令卫兵杀了俄狄浦斯。然而卫兵可怜这个刚刚出生的孩子，没有杀死他，而是把他丢到了森林里，后来孩子被科率波斯的一个牧羊人拣走了。

　　俄狄浦斯长大后，从养父口中知道自己的命运将是杀父娶母，也吓坏了。为了逃避这可怕的命运，他离开了自己的养父母（因为他以为他们是自己的亲生父母），向底比斯王国方向逃去，在底比斯城外的森林里，他与一个老人发生争执而误杀了他，殊不知那位老人就是微服出访的底比斯国王，他的生父。然后他来到底比斯城外。

　　当时正有一个不知从哪儿来的狮身人面的女妖斯芬克斯盘踞在城的入口处，要每一个进出城门的人猜一个谜语："有一种动物，早晨用四条腿走路，中午用两条腿走路，黄昏用三条腿走路，这是什么动物？"凡猜不出谜语的人都要被这个妖怪吃掉，但如果谁能揭示谜底，妖怪承诺自己将去自尽。路人看见这样的妖怪，早就吓坏了，谁也答不上来，都被斯芬克斯吃了。结果城里的人不敢出来，外面的人不敢进去，眼看底比斯城里的人就要支撑不住了。

　　俄狄浦斯来到城门口，同样遇上斯芬克斯要他回答问题。结果俄狄浦斯冷静而正确地猜出了这个谜语："这种动物就是人啊！因为人在婴儿时用两手两脚在地上爬，长大以后两条腿在走，到了晚年拄着一根拐杖。"斯芬克斯没办法，只好实践诺言跳崖自尽。俄狄浦斯因为拯救了底比斯国的人民，被人民拥为国王，并按照该国的风俗，娶了前国王的王后——他的生母。他成了杀父娶母的人，命运完全应验了。他自己却毫无所知。

后来，底比斯城发生了一场大瘟疫，人们去神庙求签问为何发生瘟疫。神示：城中有人弑父娶母。俄狄浦斯于是拼命追查这个人，最后发现这个人正是他自己。他悲痛万分，刺瞎自己双眼，外出流浪，后不知所终。

这个故事曾被写成著名的古希腊三大悲剧之一。它反映了古希腊人对人和命运的关系的看法，那就是人不要去了解自己的命运，更不要试图去改变那已经决定了的命运。人不能跟自己的命运相抗衡。

于是有了哲学。哲学起源于古希腊。哲学这个词的希腊文的原意是"爱智慧"。但古希腊哲学家并不是些智者。相反地，他们全是些愚者。他们是因为痛感于自己太笨，所以才去"爱智慧"。而且他们追求智慧的目的就是让人们成为自以为愚的人。聪明智慧是让人知道得更多。但哲学不是这样。

哲学家就是教人明白"我什么都不知道"。

第一个这样想的人叫苏格拉底。前面说过，苏格拉底痛感于自己脑瓜太愚，什么都不懂，托他朋友去庙里求签，想知道谁是世界上最聪明的人。自己好跟着他学。结果求回来的签上写着："苏格拉底是世界上最聪明的人"。他不明白，以为自己是个愚者，所以才想找世界上最聪明的人，怎么神反而说自己才是最聪明的人呢？

最后他终于想通了：世上的人都很笨，但他们不知道自己笨，反而以为自己很聪明。只有我知道自己是愚者，所以神说我才是世界上最聪明的人。

于是他后来走遍希腊，去向人们证明"我们都是愚者"。苏格拉底前面那些哲学家，去探讨世界的本原，说世界的本原是水啊，风啊，火啊，但苏格拉底认为，关于自然规律和事物发展过程和结果的问题都是由神掌握，而非人的智力所能了解。他说：

"显然，你可以把一块地种得极其出色，但谁去收获果实你却不知道；你可以把一幢房子造得很漂亮，但你不知道谁要进去住；你可以当将军，但你不知道当将军是否有利；……如果有人认为这些事情没有一件是由神灵决定的，而是一切都可为人的智力所把握，那么，这些人肯定是精神失常者。"

苏格拉底说，做人最重要的不是了解外界，而是了解自己，做一个有道德的人。但要做这样的人，首先要知道自己并不是个智者，而是个愚者。

所以苏格拉底有一句名言："我知道我一无所知"。西方人一般认为，哲学就从这个时候开始了。因为"爱智慧"源于知道自己愚。

哲学家是爱智慧。但爱智慧不等于有智慧。智慧的起点是非智慧。人们要认识到自己的不足才能进步。所谓虚心使人进步，骄傲使人落后。所以人们首先就要知道自己其实是愚。

哲学家们首先就要告诉人们这个。只是后来哲学掉进去就出不来了。因为他们越说愚就越觉得自己愚。于是就越来越愚。

越是愚的哲学家就越是有名，越像个哲学家。

苏格拉底说："我知道我一无所知。"于是他就大大出名了。

他的学生柏拉图说，对外界事物我们倒也不是完全一无所知，但我们只看到一些影子，我们就像是被关在洞穴里的囚徒，只凭洞外射进的光线看到一点外间事物投在壁上的影子，就以为那是真实的事物。其实真实的事物我们不可能看到。

于是他也很有名。

后来出了个笛卡尔，说：关于世界我都不知道，我连"我一无所知"都不知道，我只知道"我在思"。他比苏格拉底更愚，所以他被认为是近代最伟大的哲学家。

再后来出了休谟和康德，说我们所知非常有限，我们只知道自己的经验。现实世界中我们顶多知道一些现象。那些最根本的东西、无限的东西，我们根本不可能知道。于是休谟和康德也成为非常伟大的哲学家。

当今许多号称是后现代的思想家也是这样，一个赛一个的愚。这个说我们不可能认识真理，那个就说我们连有没有真理都不知道。

鲁迅先生的小说《祝福》里，祥林嫂丢了儿子以后，经常跟鲁镇的人反复地说一句话：

"我真傻，真的。我单知道雪天里野兽会到村子里来，不知道春天里野兽也会出来。"

只单凭她这句话来讲，我认为，祥林嫂如果生在西方，很可能成为20世纪最伟大的哲学家，至少也是其中之一。

为什么？因为这句话就是从古到今西方哲学的精髓所在。

首先，"我真傻，真的"就是西方哲学一直以来反复强调的主题。

而后面这句话"我单知道雪天里野兽会到村子里来，不知道春天里野兽也会出来。"意思是说，人的认识都局限于自己的经验，具有相对性，所谓规律其实只是人对自己经验的归纳，人根本不可能达到客观真理。这正是后现代从尼采到福柯的主要思想。

所以，祥林嫂的思想，可以说是20世纪后现代哲学的第一声春雷。她是借"儿子之死"这件事向人们宣扬一个伟大的哲学思想。这正如存在主义哲学家雅斯贝尔斯所说的：真正的哲学总是产生于对死亡的震惊和思考当中。

只可惜鲁镇的人根本不知道哲学为何物，不能理解她，反而当作笑话。致使祥林嫂劳而无功，一个伟大的思想家就这样被埋没了。

科学起源于愚者的逻辑

我们都知道，从现代来讲，科学技术是第一生产力。其中科学又是走在最前面的。但什么是科学？

科学就是教人愚。西方有个科学家说过这样的话：科学就是把一个天才发明的东西变成一个白痴也能掌握。科学就是一种愚者的东西。从这个意义上说，科学的作用类似于傻瓜相机，让一个对摄影一无所知的人只要会按按钮就能学会照相。

爱因斯坦曾经说过，现代西方科学的发展得益于两个东西。一是实验方法；二是逻辑方法。这个逻辑就是起源于愚。

逻辑的发明者亚里士多德说，逻辑就是首先要明确：是就是，不是就不是。同一个东西，不能说它既是又不是。比如说一个人吧，不能说他既是某人又不是某人，既是男又是女。或者反过来，既不是男又不是女，这都是不行的。同一律、不矛盾律、排中律，就是讲这个，这就是逻辑最本质最要紧的东西。

这个够愚吧，一个东西是什么，那不是摆在面前的吗，男人女人，看一眼就知道，还用得着去研究？

请看看形式逻辑最基本的三段论，是不是够愚？

大前提：人会死

小前提：张三是人

结论：所以，张三会死

人都会死，所以张三李四都会死。这么简单的道理还用逻辑去推论吗？只有愚者会干这种事情，中国人对此根本不屑一顾。

智者要研究的是人怎么才能长生不老，怎么才能不会死。这种事情才最显人的聪明。

没看到西方古人怎么去寻找长生不老的秘方，古希腊人在这方面从不动脑筋。那是因为他们根据逻辑，相信人不可能不死。但中国人没有什么逻辑，所以想方设法要长生不老的古代中国人是很多的。众所周知，中国古代皇帝在这个方面投入了大量的人力物力。

而且中国有一门宗教叫道教，就是专门研究"长生不老"。

逻辑研究的是一个事物，它现在"是"什么样子；最能体现中国人智慧的是《易经》。《易经》研究的是一个事物，它"将来"会成为什么样子。西方人看重的是现实。中国人看重的是将来。将来就是变化。中国人研究的是变化。《易经》的英文译名就是"The Book of Changes"。它研究的是"变化之道"。

这个变化之道是最复杂的，所以《易经》出现三千年了，中国人还在研究它，算命风水在中国城乡大行其道。越研究就越觉得它深不可测，实是高明至极。

但是真正推动人类进步的，就是西方那个看起来愚笨至极的逻辑。而那种看起来很聪明的变来变去的《易经》，其实并不能进步。

你看中国人研究《周易》到今天，比起古人来有什么进步吗？告诉你，不但没有进步，而且连古人的水平都没有达到。

只有逻辑化的东西才会进步，科学就是逻辑。所以科学以及由科学造成的技术进步最大。我们今天看牛顿时代的科学家，那是现在的中学生的水平。四则运算中的除法，在中世纪是巴黎大学里才教；什么微积分呀，在牛顿那个时代是了不得的发明。今天算什么？高中生的水平。

反过来说，凡是不能被逻辑化的东西都不能进步。

这其中最典型的就是艺术。艺术是最不要逻辑的。所以艺术有史以来基本上没有进步过。

有人会说你这不是胡扯吗？艺术假如从来没有进步过，那一代一代伟大的艺术家是怎么产生的？

那些不同时代的伟大的艺术家不过是换了一种玩法而已。比如中国历史上的艺术：汉赋、唐诗、宋词、元曲、明清小说，每一代的艺术家，在他们所玩的那种玩法，也就是艺术的形式上都达到了一个顶峰，他们是不可超越的，后来的艺术家只好换一种玩法。因为不换玩法，根本就没有可能超越他们。

写古体诗，几千年过去了，当今谁敢说，自己写得比李白、杜甫还要好？

写词，当今谁敢说，自己写得比苏东坡、李清照还要好？

古希腊的神话、荷马的史诗、莎士比亚的戏剧那都是不可超越的。

写小说，《红楼梦》那就是一个高峰。现在中国哪个作家敢说，自己写得比《红楼梦》还好，哪个敢说？

恐怕连"我写得跟《红楼梦》一样好"，都不敢说。

现在写小说的人也要换花样，不换花样，单纯从艺术上来讲，根本就不可能超越前人。

文学艺术是这样，其他也差不多。比如美术，比如电影，都没有进步，画美女，《蒙娜丽莎》就是高峰，文艺复兴时期的画家拉菲尔笔下的圣母像就是不可超越的；有的艺术是靠材料和技术手段才超过了前人。比如今天好莱坞的电影如果没有高科技，根本就不可能与20世纪二三十年代那些电影大师的作品相抗衡。

为什么会这样？那是因为只有逻辑化的东西才能传下去并且进步。不能逻辑化的东西都不能传下去。简单地讲，就是只有傻瓜化的东西才能传下去并且有进步。

如果说一个天才发明（或者发现）的东西，要另一个天才才能掌握，那么十有八九这个东西会失传，即使不失传，也会一代不如一代。

中国是没有逻辑的，也看不起逻辑。中国人最崇拜的东西就是天才发明的那种"只可意会不可言传"的本领。"庖丁解牛"就是一个例子。

以庄子看来，那个庖丁杀牛，根据什么解剖学的原理，"目无全牛"都不算什么稀奇，只有"官知止而神欲行"，闭着眼睛挥着刀，随心所欲，"合乎桑林之舞，乃合经会之首"也就是合着音乐舞蹈的拍子杀，那才是本事。中国人就是推崇这个。

问题是这样有几个人做得到？"师父领进门，修行在个人。"这个徒弟想要得到真正的道行，就要有悟性，要有天才，不是说你光靠勤奋就行。比如中国的《易经》、中医、武功，那都是天才发明的。"只可意会不可言传"。天才与天才之间才能心意相通。所以，一个天才发明的东西，要另外一个天才才能领悟，才能传下去。

但天才是可遇而不可求的。一百个人里面不知能不能有一个天才。李小龙可以把他的全部功夫都教给你，但你还是打不过李小龙。因为你不是李小龙，你没有他那样的天才。

所以中国传统的东西往往是一代不如一代。更别说什么进步了。

从武侠小说里就能看到，最好的武功，最高明的武功秘籍，那都是古代甚至是上古时期流传下来的。

西方好莱坞影片中，最厉害的人物都来自于未来；中国武侠小说相反，最厉害的武功都来自于古代。

这倒不是简单地说中国人崇古，而是事实如此。因为中国文化的特点，也就是它的非逻辑化、只可意会不可言传的特点，决定了它不能被普通人所掌握，而天才又是那么得少。那么寥若晨星，或者说往往如流星般在夜空一划而过，留给人们的只有无限的缅怀和追想。

现在的人，能理解《易经》、《黄帝内经》和《伤寒论》，把它讲清楚已经算是不错了。想要超过写出这些经典的古人，那是痴心妄想。

所以，想成为一个艺术上的成功人士，要有点天分，不是说光靠用功就行。我们常常看到这样的例子，一个在某个艺术领域里没有受过任何专业训练的人，横空出世，一下子在这个领域里取得了极大的成就。而那些在这个领域里学习多年拼命努力的人反而比不过他（她），就是这个原因。

但是在其他领域，比如说学术、工程那些依靠逻辑的领域，则专业训练和勤奋起了很大的作用。很难设想一个没有经过大学以上的专业训练的人一下子成为某个领域里的科学家。即使他有再好的领悟力和天才也不行。但一个没有上过电影学院、学过专业表演的人完全可以成为非常好的演员，甚至成为一个非常好的导演。

中国常有些"民间科学家"，没有受过任何的专业训练，连大学本科的学历都没有，仅仅想靠自己的聪明才智和灵机一动，就试图去解决那些科学界长年悬而未决的问题。这是把艺术领域的性质混同于科学领域了。

只有愚者能够创新，但此种走捷径式的创新不是愚者的行为，愚者会老老实实地去接受一些专业训练。只有聪明人才会老是想走捷径。在科学方面还是愚一点的好，讲点逻辑。

西方科学家自认愚者

有一段时间，西方科学界里充满了智者。因为他们都相信人类可以认识和掌握世间的规律。自己就是那个已经洞察了世间规律的人。

古希腊数学家阿基米德说："给我一个支点，我就能用杠杆撬动地球。"

16世纪哲学家和数学家笛卡尔说："给我物质，我就能造出宇宙。"

17世纪天文学家拉普拉斯说："你告诉我原子的位置，我将告诉你宇宙的未来。"

最狂妄的、在这方面达到无与伦比地步的是19世纪德国哲学家黑格尔。黑格尔认为，世界是由一种叫做"绝对理念"的精神形成的。世界和人类历史无非就是这种"绝对理念"运动过程的体现。对这个"绝对理念"的认识的任务落实在人类身上。而现在，这种"绝对理念"的运动规律已经被他黑格尔所掌握，并通过他的哲学体系告诉了全体人类。所以，世界已无奥秘可言。人类历史的发展到此已经结束了。

然而，到了当代，有许多哲学家和科学家认为，正是这种狂妄态度，加上资本主义的贪婪，使得人类无限制地运用科学技术，无限制地掠夺自然，造成了今天的环境污染、生态破坏，资源匮乏。地球亿万年才形成的自然资源，被人类在短短几百年中掠夺一空，破坏殆尽。我们的子孙后代将来也不知道该靠什么过日子。

科学和哲学发展到今天，有一个趋势，越来越多的科学家和哲学家们都不承认世界有什么规律，或者说人类能够发现什么规律。

当代哲学家罗素讲了这样一个故事。

有两只鸡被养在笼子里，一只是聪明的鸡，一只是笨鸡。每天，它们的主人都要打开笼子给它们喂食。于是那只聪明的鸡得出一个结论："每次笼子打开的时候就是吃饭的时候，——这是一条规律。"而那只笨鸡不相信有什么规律。事实上它根本不知道什么叫做规律。于是它遭到了聪明鸡的嘲笑。聪明鸡不愿意跟这样笨的鸡呆在一起。于是笨鸡只好从鸡笼里逃走，过着饥一顿饱一顿的流浪生活。

有一天，主人又打开了笼子，那只聪明鸡流着口水，等着"规律"发生作用。但这次"规律"变了，主人没有喂食，而是把这只聪明鸡抓出去杀了。笨鸡由于被赶出鸡笼，幸运地保住了性命。

需要指出的是，这个故事是经过我改编的。不是罗素的原来的故事了。但它的精神是一致的，我没有改变。

曾经看到两位英国物理学家写的一本书，里面也有一个类似的故事。

有一种二维的动物，生活在一个靶子上。有一天，一个人拿起一枝自动枪对准靶子扫了一梭子。后来，动物里面有一个特别聪明的家伙，仔细研究了靶子上的弹洞，得出一个结论：在这个平面上，每隔一定距离就分布着一个洞——这是一条"自然"规律。

科学家嘲笑说：那是自然规律吗？

毫无疑问，科学家都富有智慧。但他们的智慧表现在哪里呢？现在看来，就是表现在告诉我们，其实我们都很愚。

　　1998年，美国有一个科学作家约翰·霍根出版了《科学的终结》[2]，这本书轰动了世界。他在书中这样说，在20世纪以前的科学家，都认为他们的任务、科学的目标就是告诉人们，"我们能认识什么"。但是20世纪以后的科学家，他们认为自己的任务就是告诉人们，"我们不能认识什么"——例如，相对论告诉人们，光速是不可逾越的；量子力学告诉人们：微观运动是不可测的；非线性科学则告诉人们，宏观运动也是不可测的。

　　关于非线性科学的宏观运动不可测的思想，有一个著名的例子："蝴蝶效应"，是美国混沌学家洛仑兹提出来的。这个洛仑兹原先是搞气象研究的。有一次他要去吃午饭，临走时把计算机模拟大气环流的界面图上的一个小数值改了一下，打算回来以后接着做。但等他吃完午饭回来一看，大吃一惊——在这一个小时中，计算机上界面图已经变得面目全非。

　　由此，洛仑兹提出了"蝴蝶效应"：一个亚马逊河的热带雨林里的一个蝴蝶扇动一下翅膀，它所引起的大气环流的改变，可能会在两个月后，在美国得克萨斯州引起一场龙卷风。它的意思是说，在一个复杂的系统中，一个很小的能量改变，可能会引起很大的后果。

　　它不是说蝴蝶扇翅膀一定会引起龙卷风，如果是那样那还得了，比蝴蝶扇翅膀能量大的变化多的是，我手臂一举就相当于几十个蝴蝶扇翅膀，地球上还不天天刮龙卷风？它是说可能会引起，也可能不会引起。当然，我们没有办法去测量每一个蝴蝶的运动，所以，我们也不可能完全掌握大气环流。

---

[2]科学作家不是科普作家。科学作家专指一些写作比较深刻的科学著作，但又不从事专业科学研究的人。

这就是为什么中央气象台预报天气，尤其是长期天气预报总有些不准的原因。

总起来，今天的科学家其实就是想告诉我们一件事：我们什么也不知道。世界上有没有规律我们不知道，我们能不能了解和掌握规律也不知道。有不少科学家、哲学家认为，现在的科学其实就是一种瞎想。跟巫术差不多。科学家们自己证明不了，人家也证伪不了。

伟大的科学家往往也自认是个愚者。比如牛顿，他就从来不承认自己已经发现了世界的规律。他说自己笨得像个小孩，在海滩上拣起几个贝壳就自以为了不起，而真理的大海就在他眼前深不可测。

20世纪最伟大的科学发现之一量子力学的领军人物、丹麦物理学家玻尔也说自己是个笨蛋，他还认为自己比一般愚者还要愚。因为他愚到常常"在年轻人面前暴露自己的愚蠢。"

>> 事 业 篇

我为什么能活下来？第一是因为我没有钱；第二是我对英特网一窍不通；第三是我考虑问题跟一个傻瓜一样。

——马云

智者的失败和愚者的成功

人们之所以追求智慧，那是因为人们以为智慧可以战胜一切，从小时候开始，我们每个人都被告知：人的命运是由自己掌握的。聪明加上勤奋，世上没有做不到的事。这就是智者的态度。

拿破仑有一句名言："'不可能'——这是只有蠢人词典里才有的词。"

我们都读过许多这样的书，听过许多这样的讲座，在那里面，有许多智者和成功的聪明人士现身说法，告诉我们他们如何运用智慧，通过自己的努力掌握和改变命运。

那么，人能够以智慧和努力来改变自己的命运吗？

不能。

为什么智者不能掌握自己的命运？因为人生的成功或者失败，命运，或者按《周易》的说法叫做"势"、"时"起了很大的作用。人生事业的胜利或者失败，在很多情况下，其实不过是命运借助人的手完成自己的目标而已。跟人的智或愚没有太多关系。智者成功，因其智；失败，也因其智；愚者失败，因其愚。但愚者成功，也因其愚。

机关算尽太聪明

智者如果失败，那一定是个大失败。他会发现，自己所有成功加起来就是一个失败。当他达到了他所有要达到的目的以后，他会发现，这个自己已经达到的目的完全不是原先所预想的目的。而很可能正是自己原先极力想要避免的命运。

而且这个失败往往是最终的失败。是那种不可挽回的失败。

前面我们介绍了俄狄浦斯的神话。俄狄浦斯当然是智者，是个聪明人。不然，那么多的人都答不出狮身人面妖的谜语，唯独他能答出？应该说，他想做的每一件事都成功了。

他成功地知道了自己的命运——弑父娶母。为了躲避这个命运，他成功地从父母身边逃开了。他成功地杀掉了在底比斯城外挡住他的路的那个老头。在底比斯城门口，他成功地回答了狮身人面妖出的谜语，拯救了全城的人民。他成功地坐上了底比斯王国的王位。他成功地娶了前任国王的妻子为妻。

但最后他发现，他所有的成功，加起来正好是那个他千方百计想要逃避的命运——弑父娶母。

所以说，智者不能因其智而改变自己的命运。

这个故事，在阿拉伯神话《一千零一夜》中也有类似的版本，如其中的一个故事《艾吉伯王子——游方和尚的故事》。它也讲一个人事先知道了自己的命运，他千方百计想要逃避，但最后恰恰落入命运的陷阱。

不要以为这样的事只出现在神话中。现实中这样的事也是不少的。

比如中国历史上有个人叫秦桧。他人生中想做的每一样事情都成功了：他成功地通过了科举考试，成为状元；他成功地当上了宰相；他成功地使当时的宋朝皇帝对他言听计从；最后，他成功地除掉了那个不听他的话，敢于跟他作对的岳飞。

但是所有这些成功加起来，刚好构成他最大的一个人生失败——他遗臭万年。他被铸成铁像，千年以来一直跪在岳飞坟前。而且看样子还要一直跪下去，任千万人唾骂。以至于他的子孙们甚至不敢说自己是他的后代。

杭州岳庙有一幅对联："人从宋后少名桧，我到坟前羞姓秦。"很恰当地说明了他的子孙的心情。

比如现实社会官场上，有的人极为聪明，他上钻下联，左右逢源，感情联络，金钱开路，收受贿赂，巴结权贵，每一次他都成功了，官数他当得大，钱数他捞得多。但最后他发现，所有的这些成功加起来，刚好足以把自己送上断头台。

做生意也是这样。聪明人做生意总是成功。赚到了很多钱。但最后，聪明人由于有钱，给自己惹来了数不清的麻烦。不光外人算计，家人也算计他的钱。他疲于应付，最后心力交瘁，甚至被人谋害而死。这样的例子我们见得太多了。

更何况，历史上每次革命风暴一来，矛头对准的首先就是有钱人。

智者的失败往往是最大的失败。因为智者千虑，必有一失。而这一失，就把前面的胜利都变成了失败。把胜利变成了通向失败的阶梯。

中国俗话说，爬得高，摔得重。最大的失败之所以是最大的，其原因只在前面有一连串的胜利。

一个公司的解体，往往因为前面有一连串成功的扩张并购和迅速成长；一个罪犯被判了重刑，也常常是因为他前面有一连串成功的犯罪行为；至于一个当官的被撤职查办以至于坐牢，则他前面一定有个连续的上升、手握重权的过程，而且他前面的受贿也好，贪污也好，以权谋私也好，一定都做得非常成功。

他们只是最后一次没有成功。

林彪，中国现代史上的著名人物。他绝对是个聪明人。他的军事天才，在中共的将帅当中几乎无人可比。而且他不像那些单纯的武将只会打仗，他在政治方面也很有一套。所以他青云直上。是十大元帅中最年轻、资历最浅的。林彪曾经很得意地对身边人说："我这个人与其他人就是不一样，脑袋特别灵。有什么办法呢？爹妈给的么。"

但最后也数他的命运最惨。他发动政变未遂，仓皇出逃，是在出逃的飞机失事的时候，闷在飞机里烧死的。死后曝尸荒野。还背了个叛国的千古罪名。至今尸骨仍然未能回归自己的国家。而文革当中死去的其他一些领导人，身后都尽享哀荣，子孙得以庇荫。

换个一般人。你能从飞机上摔下来死在国外草原上吗？门都没有。你只能死在家里或者医院。

而林彪之所以从高空摔下来。之所以会爬上这个高空，只是因为他前面的所有的胜利叠起来，成为一个通向高空的梯子。

据2011年6月9日新华网消息：9日，河北省衡水市桃城区人民法院对"造假骗官干部"、共青团石家庄市委原副书记王亚丽进行一审判决，王亚丽被判处有期徒刑14年、剥夺政治权利4年。

王亚丽"造假骗官"事件，奇就奇在假得彻底，除了她这个人是真的，其余的，包括出身、父母身份、年龄、姓名、入党、履历，全都是假的。但她就凭着自己一张长得也不算好看的脸，一张能说会道的嘴，把这个假变成了真，一直把官做到了共青团市委副书记。这个女人绝对是个少有的聪明人。

王亚丽"造假骗官"的败露，源于她过于贪心。一个亿万富翁去世了，她看中了这个富翁去世后留下的一大笔财产，为取得财产继承权，王亚丽故伎重演，把自己包装成该富翁的亲生女儿，引起人家的真女儿不满，到处举报，结果败露。假使王亚丽贪婪欲望稍有节制，不去和人家争继承权，也许还可以混下去，将来也可以做个位置不低的官。但王亚丽总以为凭自己的聪明才智，可以无所不能。终被贪婪撑死，被聪明害死！

所以有句话讲，聪明反被聪明误。说的就是一个人太聪明了不是好事。

《红楼梦》里讲："机关算尽太聪明，反误了卿卿性命。"说的也是这个意思。

这句话讲的是王熙凤，她应该是大观园里最聪明的人了，最起码也是之一吧。但从金陵十二钗的判词来看，也数她的下场最惨。她是被贾琏休了然后死去。"凡鸟偏从末世来，都知爱慕此生才；一从二令三人木，哭向金陵事更哀。"中央电视台拍的电视剧《红楼梦》里描写：她死了以后尸体被人在雪地里拖着走。当然也是有点原著的根据，不是瞎编的。

傻人有傻福

俄狄浦斯怎样才能避开那个命运，换句话说，他怎样才能成功呢，很简单，做一个愚者。

作为一个愚者，他一定不会想去了解什么自己的身世。就算是人家告诉他了："姓俄的！你将来是要弑父娶母的！"他也会想："那有什么办法呢？我这么笨的人，难道还拗得过命运吗！"

他不会想到要逃走。而是仍然整天呆在家里无所事事；就算他震惊了，想逃了，以一个愚者的智力，他也只会把事情弄坏。比如路上钱被人偷走，走不了了，只好回去。或者在底比斯城外格斗时，他笨手笨脚的，不但没有杀死对方、他的父亲，反而自己受了伤，只好落荒而逃。或者答不出那个谜语被妖怪吃掉，等等。

简单地说，在这个命运链条中，只要他弄断任何一个环节，他都能够成功地避开那个最悲惨的命运——弑父娶母。

要做到这点，不要求俄狄浦斯有多高的智力，只要求他稍微愚一点就可以了。

愚者如果成功，那一定是个大成功。他会发现，自己所有的失败加起来就是一个成功。当他失去了一切，当他所有的目的都没有达到的时候，他会发现，自己已经成功了。

南非前总统曼德拉，从上个世纪60年代开始就投身于黑人解放运动，但是不管组织抗议游行也好，武装斗争也好，没有一次是成功的。他屡屡失败，屡屡坐牢。在1964年，他最后一次被捕，被判处终生监禁。眼看将要在监狱里度过余生，他毕生为之奋斗的事业将以悲惨的结局而告终。

不料世事多变，随着国际形势的变化，南非当局不得不考虑改变政策。1990年，他已经在监狱里度过了27年，几乎完全绝望，但突然被通知出狱，当他疑惑地迈出监狱大门的时候，他惊讶地看到，在监狱外面迎接他的是几十万向他欢呼的民众，他被选为南非国大党主席。1994年，他在南非首次举行的不分种族的大选中被选为南非历史上首位黑人总统。

在商场上，愚者往往只安安心心盯着自己眼前一点小生意。一条道走到黑，不敢搞多元化经营，也不搞什么资本运作，不敢抓住时机，融资扩张什么的，等等。但正因为这样，他成功地避免了风险，把自己的那一点生意做到了最好最大，笑到了最后。

在官场上，愚者要么不善巴结钻营，老老实实呆在自己的岗位上；要么不会掌握分寸，收了一点小钱，一下子就露出马脚，被人发现了；或者收了钱却没有办好事情，人家从此不再相信他了，不跟他打交道了，等等。总而言之，做得不成功。

但正因为这样，他没有犯下大错。他成功地保住了自己的政治生命。顺利地工作到退休，得以善终。

而且根据现在某些地方的规定，在退休的时候，他还可以因为廉洁而领到一大笔廉洁金。

愚者之所以能成功，还因为，愚，在目前的社会里是一种稀缺资源。

现在世上是智者多，愚者少。很多人都是逢人只说三分话，见人说人话、见鬼说鬼话，见风使舵、永远以自己的利益为第一目标。"只有永远的利益，没有永远的朋友。"这句话似乎成为了成功的秘诀，成为了许多人的座右铭。

但是你要知道，这世上，成功的人永远是少数。不可能大多数人都成功。物以稀为贵，人也是一样。所以，如果你跟大多数人的生活方式、思维方式都一样的话，你就不可能成功。所以愚者能成功。

当然，也不是说做少数派就一定会成功。因此我们不妨换一个说法，那就是：做少数派不一定成功，但一个成功者，他一定是少数派。愚者总觉得人家比自己聪明，自己不如人家，不如身边的人聪明，于是他就把自己摆到了少数人的那边。因为世上大多数的人都认为自己是聪明人，是智者。

凡是愚者，他一定会以为自己是个近视眼，看不清东西，只能模模糊糊地看到事物的大概情况。由于觉得自己没看清事物，不敢轻举妄动，在起跑线上就比别人慢了半拍；当智者们一窝蜂地向前冲的时候，这个愚者因为觉得自己不如人家看得清，在后面摸摸索索，犹犹豫豫，不敢上前。结果，当冲在前面的人碰得头破血流的时候，纷纷倒下的时候，他因为落在后面，反而没事，能够及早地全身而退。

在上个世纪90年代的时候，国内兴起一股"特异功能热"，什么耳朵认字、意念移物，……当时被叫做"人体科学"。有不少人以为新的科学革命到来了，纷纷冲上去，试图抢占"21世纪的科学制高点"。只有少数人觉得自己看不清，不敢贸然下结论而坚持原来的观点。

到了最后，所谓的"特异功能"被证明基本上是一个骗局。那些冲在前面的所谓智者们，就都倒了大霉。反倒是落在后面的，坚守原来观点的人成为了胜利者。

司马懿用最笨的办法战胜了诸葛亮

人类活动中最能体现智慧的大概就是战争了。孙子讲："兵者，诡道也。"打仗就是要使诡计，所谓兵不厌诈。最有智慧的军事家最能成功。

这么说，最有智慧的军事家们是不是就不会失败了呢？不是的。最有智慧的天才的军事家也会失败。但他们失败不是败在比他更胜一筹的超级智者手里，因为没有人比他们更有智慧，最有智慧的人只能是败在一个愚者的手里。

而且这不是因为"智者千虑，必有一失"，或者是实力相差太过悬殊，不是的。他们之所以会失败，实在是因为他们没有办法对付这个愚者所采取的最笨的办法。

诸葛亮就是败在司马懿的这个办法上。

诸葛亮当年六出祁山，他的对手魏军统帅是司马懿。在经历了几次失败之后，司马懿知道自己在战场上根本不是诸葛亮的对手，于是他采取了一个最笨的办法——做缩头乌龟，躲在营里不出战。任凭诸葛亮如何在阵前叫骂、激他。诸葛亮后来甚至采取送一个女人的服饰给他的办法，讽刺他不像个男人，想以此来激起司马懿应战，但司马懿就是不出来。

连司马懿自己军中的将军们都看不下去了，他们不明白司马懿为什么要这样做。纷纷激昂指责，弄到后来，司马懿只好上奏到朝廷，请求出战。结果朝廷看出了司马懿的用意，下旨不许出战。司马懿才得以继续当他的缩头乌龟。

只要司马懿出战，诸葛亮就有办法战胜他，但司马懿就是不出战，最后诸葛亮是死在阵前。

天才军事家拿破仑也栽过这样的跟头。

拿破仑在他的全盛时期，亲率百万大军进攻俄国。当时的法军，在欧洲所向披靡，俄军不管是在军队数量还是士气装备上都处于劣势，更不用说还要面对令欧洲各国闻风丧胆的拿破仑。

当时俄军统帅是库图佐夫。库图佐夫也用了一个最笨的办法，那就是撤退，而且是无休无止的撤退。

据列夫·托尔斯泰的小说《战争与和平》描写：当时俄军参谋部的军官们不满意库图佐夫的逃兵式的方法，纷纷要求召集军事会议，研究部署，准备战役。于是库图佐夫只好召开军事会议。开会的时候，任凭那些参谋们如何大发议论，指手划脚，在这里组织抵抗，在那里部署反击。库图佐夫只顾自己呼呼大睡。

睡醒之后，库图佐夫看一看大家，问一声："话说完了没有？"然后就手一挥："继续撤！"说完就走，留下一帮军官们面面相觑。

在撤退其间，库图佐夫还用过一个最笨的办法：火烧莫斯科，自己主动把自己的城市烧得干干净净。

结果拿破仑的百万大军垮在了俄国。历来所向无敌的拿破仑尝到了平生最惨重的失败。并且由此成为他由盛转衰的转折点。

陈水扁和马英九谁笑到最后？

许多人相信，政治是最需要智慧的，政治是肮脏的，政治家是不讲诚信的，如果说科学家搞学问要老老实实，或者说做生意也要讲点道德，还会有人同意的话，那么如果说搞政治也要老老实实就不会有人相信了，相反地，许多人都相信，政治是智者的游戏，愚者是玩不了政治的。

曾看到这么个报道，不知是不是笑话：英国曾举行一次"撒谎比赛"，但不允许政治家和法律家参加。因为他们如果参加的话，其他人便没有获胜的机会了。

其实错了。智者搞政治也会失败，愚者搞政治也有成功的时候。典型例子是台湾的陈水扁和马英九。

陈水扁是个智者，而且以智力来说，陈水扁绝对是超群的。当年他作为一个贫穷学子，以第一名的成绩考入台湾大学法律系。在岛内引起轰动。白手起家，历经奋斗，最后当上"总统"。陈水扁在竞选活动中所表现出来的翻云覆雨的政治手腕，绝对让人称道。

而他的对手，国民党的马英九，则凡事讲程序，讲清廉，坚持自己的原则从不动摇，是一个有点近乎迂腐的正人君子。

智与愚，此两人可以说是鲜明的对比。

陈水扁是最善于玩手腕的。在他的政治生涯中，有好几次，人们都以为他要玩完了，但陈水扁总能在最后时刻翻盘，成功逃脱甚至反败为胜；马英九虽然清廉正直，但有两次都被陈水扁反咬一口，差点被关进牢里。陈水扁屡战屡胜；马英九屡战屡败。

所以，他们两个人的竞选时，没有人看好马英九。当年新加坡《联合早报》有篇文章讲，搞政治的人要有点流氓气，正人君子马英九绝对不是流氓小人陈水扁的对手，我读了之后深以为然。这篇文章被广为转载，似乎在许多人那里也引起了共鸣。据说国民党内也有不少人劝马英九不要太书生气了，不然是斗不过陈水扁的。

但是现在看看？陈水扁被关在台北的牢房里，闹绝食、自杀，但再怎么使手腕他也出不来，已经为万人所唾弃。就连暗中助他上台的美国人也因为他出尔反尔，无诚信可言而不再理睬他，称他为"麻烦制造者"。由于自己和家庭贪污舞弊案，陈水扁在台湾臭不可闻，他的政治生命可以说已经完结。

而马英九的"总统"做得稳稳当当，民望逐步上升。虽不能说以后都这样一帆风顺，但其在历史上的地位胜过陈水扁，则是毫无疑问的。

陈水扁如今坐在牢里，透过冰冷的铁栅栏看着外面不时走动的看守，心里不知作何感想？

他会不会想到：自己如果不是玩政治那么有手腕，玩得那么成功，虽然当不上"总统"，但可能也是台湾法律界的一个著名人士或者大学教授。教书育人、著书立说，在电视上发表演讲，怎么也比现在这个样子好？

其实这种例子不是个别的。看看近现代中国百年政治史，国共两党风云人物，聪明才俊们往往是一时风光；真正笑到最后，得以在高位上善终的，往往是那些初看平常，不为人注意的愚者。

在历史上的政治斗争中，胜者往往不一定是那个最有才能和智慧的人，经常是一个各方面都很平庸的人获得了他人梦寐以求的位置。这是因为智者两强相斗，谁也战胜不了谁，而有一个愚者，他的人缘好，看起来对人也没有什么威胁，容易被左右各派接受。最后渔翁得利。

成功的鲜花往往插在愚者的牛粪上

人们通常认为，做事情想要成功，总是越聪明越好。总是聪明人才能做成事情。

不过想要成为一名成功人士，光有聪明还不够，首先要是一个愚者。记得在一本日本人写的书上说过，只有愚者才会走上通向成功的布满荆棘的道路。聪明人是不敢这么做的。此言甚是。

什么叫成功？那就是把一件众人看起来很困难的事给做成了，什么叫伟大的成功？那就是把一件众人看起来不可能的事情给做成了。这就叫奇迹。能做到这个的只有愚者。智者是不可能做到这个的。因为智者不会去做那些看起来不可能成功的事情。所以，只有愚者能创造奇迹。所以历史上的那些创造奇迹的伟大人物，首先得是个愚者。

学校里常有这样的事：一个"校花"级的女孩子，各方面条件都很好，男孩子们都很喜欢她，但自忖条件配不上，有心没胆，不敢追，结果让某个胆子大的、其实各方面都不怎么样的楞头青占了先。一朵鲜花活生生地插在了牛粪上。

80年代改革开放初期，为了鼓励大家下海办公司、经商，国家出台了"停薪留职"的政策。但是很多人考虑来考虑去，怕风险太大，也怕政策多变，不敢做。只有一些不管三七二十一的家伙去干了，这些人后来都掘到了人生的第一桶金。现在中国的五六十岁的富豪们基本都属于这种情况。

公司里上某个项目，由于是新项目，大家心中没底，都不敢接手，结果让某个不知天高地厚的家伙得了手。

英国哲学家培根曾这样说："如果问人生中最重要的才能是什

么？那么回答则是：第一，无所畏惧；第二，无所畏惧；第三，还是无所畏惧。"这话说得很对。但我们要注意：无所畏惧并不是一种"才能"，而是一种人生态度，它跟有没有才能没关系。在很多情况下，反而是有才能的人更容易畏惧。

那么，什么样的人是无所畏惧的呢？就是愚者。是没有才能的人。

智者决不会无所畏惧。他往往已经把一切最坏的可能性和困难都估计进去了。他已经看到了那条通向成功的道路上的荆棘和艰险，而这样就容易失去了前进的勇气。只有愚者看不到这些，也不会想那么多。按照培根的说法："无所畏惧的狂妄乃是愚昧无知的产儿。"无知者才能无畏。初生牛犊才会不怕虎。

换句话说，如果无所畏惧才能成功的话，那么有时候，只有愚昧无知才能走向成功。

有位著名的军事统帅说过，打仗是"五分把握五分冒险"。打仗是这样，人生其他事情又何尝不是如此。考研究生、考公务员，做生意，开公司，以至于婚姻……在很多情况下，能有一半把握就算不错，剩下的那一半就要靠运气了。

但聪明人往往会在事前就把一切都想好。他往往想得很多。他会问："万一……，怎么办？"这是谁都回答不了的。

不想当将军的士兵不是好士兵。要当将军就要上战场，但既是上了战场就有可能被打死。做生意也是一样，任何决策，赔本的可能性都是存在的。

智者往往把这些可能性都估计进去，结果就做不了什么事情了。只有愚者不会想这么多。他往往只想到成功的可能性。他兴高采烈，满怀信心。而这样的人，倒真有可能会成功。

诸葛亮，毫无疑问是个智者吧，但是最后他没有完成自己的心愿，没有能够统一中国。为什么，就是因为他太聪明了。

当他"一出祁山"兵伐曹魏的时候，部将魏延向他建议，从斜谷直插曹魏的重镇长安。他拒绝了，原因就是他想到了各种可能性——"万一……，怎么办？"据后来人研究，其实当时魏延提出的建议是唯一的也是最好的机会。后来就再也没有这样的机会了。所以后人评论他道："诸葛一生唯谨慎。"

聪明人，一个很大的特点就是谨慎。

1921年，当中国共产党刚刚成立的时候，据说有人曾问毛泽东，共产党什么时候才能掌握政权，毛泽东回答："也许要二十多年吧。"

不知当时那人听了有什么反应。我想，他就算是出于礼貌，没有当场笑到喷饭，心里肯定也在发笑。就这么十多个人，穿长袍戴眼镜的读书人，成立了一个党，居然认为自己在二十多年以后就可能取得政权。放眼望望中国当时满世界的军阀，这个读书人真够愚得可以。

但1921年到1949年确实只有二十多年。

智者多虑，愚者无忧；智者谨慎，愚者无惧。

愚者为什么能无忧无惧？因为他"无我"。聪明人多虑，谨慎，是因为心里"有我"，他总是想到各方面对"我"的有利因素和不利因素，他经常考虑自己的目标是什么，综合考虑自己的长处和短处。他有清醒的自我意识。

但愚者全无这方面的意识。他不会考虑这么多。不然他就是智者了。所以他无忧无虑，勇往直前。

我们都知道，人生最大的敌人是自己。战胜对手其实就是战胜自己。真正的智者就要克服自我，超越自我。但这是非常困难的事。

只有愚者不知道或者不需要战胜自我，因为他根本没有"自我"。正如禅宗六祖慧能说的那样："菩提本无树，明镜亦非台；本来无一物，何处惹尘埃。"

金庸小说《神雕侠侣》末尾，天下英雄齐集华山论剑，重新评定东西南北中五个英雄。老顽童周伯通忙着给人家排定位置，唯独没有想到自己。他把"东邪、西狂、南僧、北侠"四个定下来以后，就在那里发愁：中间那个位置谁来坐呢？

一直在旁静静观察的黄老邪开口了："中间最尊贵的那个位置应该给你。因为你最超脱。我们这些人是名利心很淡，但至少还是有一颗这样的心；你是干脆连这个心都没有。所以你最适合坐中间那个位置。"他的提议得到大家一致的赞同。周伯通就成了"中伯通"。

所以庄子说："至人无己，神人无功，圣人无名。"意思是说，只有没有"自我"的人能成功。

看不清细节的愚者能掌握全局

愚者是个近视眼，看细节不太清楚，智者却明察秋毫，这就决定了愚者能掌握全局。

常听到人们说一句话："细节决定成败"。这话诚然不错，但人的精力是有限的，不可能任何一个细节都照顾周到。如果一定要每一个细节都照顾到的话，恐怕做不了几件事，没有等到成功，便已经心力耗竭而累死了。要把每个细节考虑周到，就算是天才也不行。晚年的诸葛亮就是一个例子。

所以，讲到细节，首先要看清是什么样的细节。大多数细节都是无关紧要的，只有极少数的细节会决定成败。你要注意的就是那几个细节。但是怎样才能找到那决定成败的细节呢？那就要从整体和长远着眼了。

而想要着眼于整体和长远，首先就要舍去细节不看。在不看细节，把握和看清了全局以后，再回过头来看细节，在这个全局观的指导下看细节。这个时候你就知道哪个细节是最重要的了。不看是为了看，只有不看才能做到看。这就是整体与细节的辩证法。葛拉西安曾这样告诫我们："一些人虽然思考，却往往本末倒置，过于注重那些无关紧要之事，而忽视攸关的重大之务。"

如果做不到这样，那只有一个办法，舍细节而顾整体。这样，细节上可能吃点亏，但能保住整体。

我以前有一段时间是学画画的。在画人物素描的时候，老师经常告诫我们的话就是：要退开一点，眯着眼睛看写生的模特，注意大轮廓。不要老是盯着模特的脸上、身上的细节。因为细节看多了，必然会忽略整体性，初学者一般都会出现这样的情况：把对象的某个细部画得很清楚，但整体轮廓却走了样。他建议我们当中有戴近视眼镜的，在开始画画的时候，不妨把眼镜摘下来，这样看模特的细部就会显得模糊。更容易把握对象的整体大轮廓。在把对象的整体轮廓画下来以后，再戴上眼镜，开始画细部。

这个说法给我一个很大的启发。我觉得不仅画画是这样，做人也是这样。想要把握人生的长远和整体目标，首先就要学会做近视眼——舍去细部。大家知道一句俗语：人无远虑，必有近忧。我还要加一句：人无大虑，必有小忧。

比如说家庭。人人都希望自己的婚姻家庭幸福美满。怎么才能做到这一点呢？首先就是要顾及整体。大的事情不要出格，小事情就不要太计较了，就做一个近视眼，看不清细节算了。

一个聪明智慧的女人（或男人），对自己的配偶一举一动、心里的活动打算等等，往往都明察秋毫，事物的每个细节都看得很清楚。看清楚了不算，还要说出来，还要指责对方。其实这对家庭的整体气氛并没有什么好处。因为谁也不愿意自己被人看得太清楚，总希望保留自己的一点隐私，一点心理活动的空间，即使是对自己的爱人也是如此。

小事情的松手，是为了维护家庭整体所付出的必不可少的代价。

你可能不满足于此，觉得维护了家庭整体还不够，还要把细节做得尽善尽美。但是，甘蔗没有两头甜。那种对自己的配偶的每个行动都掌握、一举一动都管牢的男女，对配偶进行详尽的心理分析的男女，短时间内可能有效，他（她）被你管得死死的，不敢有任何动作。但最后的结果往往是他（她）摔门而去，头也不回。

高明的领导也是一样。他们一般只掌握大的原则，整体的行动。具体细节不管，一般都由底下的人去做。只要不出格就行。

愚者脑子慢，走得也慢，反而易成功

愚者会以为自己腿脚慢，走得不如人家快。当然事实上也往往如此。于是他也会有几个选择：一是比人家先出发。所谓笨鸟先飞；二是既然觉得自己走不过人家，干脆在后面慢慢走，沿途欣赏风景，不跟人家比速度。

第一个选择往往使人成为成功者，这点相信许多人都知道，所谓勤能补拙。《中庸》里面讲："人一能之，己百之。人十能之，己千之。果能此道矣，虽愚必明，虽柔必强。"比别人加十倍、百倍的努力，虽然天资驽钝，其成就也会超过一般人，更何况世上是愚人多而智者少。许多所谓聪明人其实只是自我感觉良好而已，并不是真的有什么聪明。因此，自以为愚者的人未必在智商上低于他人，如此素质，再加上努力，岂有不成功之理？

第二个选择是在后面慢慢走，沿途欣赏风景。这样的愚者当然吃不到"头口水"，但也有一个好处就是他可能看到了人家遗漏的东西，并且停下来仔细欣赏研究。结果也得到了人家意想不到的成果。这点常见于科学研究。

爱因斯坦以他的两个相对论，成为千年以来最伟大的科学家。但是，狭义相对论的理论模型是洛伦兹变换，广义相对论的理论模型是黎曼几何。那么为什么发现狭义相对论的不是洛伦兹，发现广义相对论的不是黎曼而是爱因斯坦？就在于洛伦兹和黎曼跑得太快了，没有停下来慢慢理解他们写下的数学符号的物理学意义。爱因斯坦的重要贡献就是理解了这些数学符号的物理学意义。

爱因斯坦是个愚者，他并不比人家走得快，他的特点是在人家后面慢慢走，去理解人家的问题、人家的发现。

现在的社会，是心浮气躁的人多，大家都拼命往前挤，谁也不愿意落在后面。我们这些搞科研的，一提起来就是要"站在本学科的前沿"、"研究达到了本学科的前沿水平"。甚至对于刚刚入学的研究生也是这样要求。于是大家都抢着去看最新发表的科研成果，去看最新的外文原版杂志，甚至有些人不惜抄袭外文杂志上的文章，因为那就是"前沿"。

但是大家都站在前沿了，那谁站在后面呢？

答案是：那站在前沿的人其实是站在了后面，而那站在后面的人，其实是真的站在了前沿。因为前沿之所以为前沿，就是因为在那里的人少。

学界里经常会出现"回到XX"的浪潮。比如中国传统文化研究有"回到孔子"的说法；马克思主义研究有"回到马克思"的口号。为什么要"回到"？就是因为大家都往前挤，都到前沿去了。这个时候，那个原先的出发点反而变成前沿了。

南京大学有位叫张一兵的教授，1999年出版了《回到马克思——经济学语境中的哲学话语》一书，在国内马克思主义哲学界引起了轰动，他一下子跻身于国内马克思主义研究领域的核心地位。我读了这本书以后，心里有一种酸酸的感觉。为什么呢？因为我在1992年就开始关注"马克思在经济学语境中的哲学思想"这个问题了。在1996年写了论文发表，这个论文还被《新华文摘》摘要刊登。如果那个时候自己能就这个问题继续做下去、深入下去，那么，即使达不到张一兵的水平，至少也是一个相当不错的成就吧？只可惜当时的"前沿"不是这个，大家关注的是西方国家对马克思的研究，我也受了这个影响，反而把真正的前沿给忽略了。

无知无畏者的勇气

我在学校里做过好多次学生辩论赛的评委。上课时也要经常给学生发言演讲打分。我发现，许多学生之所以在比赛中落败，演讲得不上高分，不是像他们自以为的那样水平不高，准备不充分，常常就是因为缺乏自信，缺乏勇气。

所以我经常跟学生讲，演讲也好，辩论也好，首先要以铿锵有力的话语，辅之以斩钉截铁的手势，一副真理在手仇恨在胸的样子。只要能做到这一点，你的演讲或辩论就成功了一半。这实际上讲的就是要无所畏惧。

你可能会说，可是我实际上并没有那么好呀，我的学识不够，水平低，辩论中有漏洞，演讲中有些观点不全面。辩题又很不利。对手比我们强多了。

是的，我完全相信你有足够的聪明与智慧去认识自己各个方面的不足。但是在这个时候你还是不要这样运用自己的聪明智慧。还是愚一点好。也就是说，要相信自己是最好的，人家（即你的对手）是不行的，是最差的。

为什么呢？因为你的对手、观众和评委们就吃这一套。

你内心所想的，一定会在表情和肢体语言上显露出来。如中国相术家讲的，相由心生。你心里相信自己，鄙视他人，外表才会自信，才有勇气，气势上才能压倒对手，征服观众和评委。

如果你心里觉得自己已经不行了，已经开始"佩服"对手了，那么你就会显得畏畏缩缩，一说话就结巴，对方一看到这点就会气势更盛。如此一来，观众怎么会觉得你比对手强呢？如果你自己的表情和动作都显示出你自己不行，评委怎么会觉得你行呢？

　　虚心地检讨自己的不足，那是战前准备和胜利结束以后的事情。在比赛的进行过程当中，只能是以愚昧的狂妄，勇猛前进。就算是对手表现了超强的实力，己方出现了莫大的漏洞，眼看就要不行了，也要视若无睹，以要杀人一般的眼光盯死对方，不管不顾，猛冲猛打。

　　如此一来，观众会为你鼓掌，对方就会开始心虚。胜利的天平也许就向你倾斜了。

　　愚者无知无畏，以我自己考北大研究生为例：

　　我考上北大哲学系的研究生之时，已经在市委机关工作，结婚生子，30多岁，工龄都有10多年了。之前我只有大专学历，而且是学中文的。按说，像我这样的，应该先去拿个本科学历，或者即使要考研究生，也不要去考那么高的学府。不要考北大，考个我们本省的一般性院校，好像还比较靠谱。考北大的研究生，简直就是异想天开。

　　其实有的人当时就是这样劝我的，有人背后就是这样说我的。我曾亲耳听到别人背后这样讥笑我（当时他们以为我不在，其实我在另一个房间，可以听到他们的议论），但是我充耳不闻。

　　我从来就没去想过，以自己这样的水平，跨学科地去考北大，是不是可能，是不是有点不知天高地厚？我从来就没有想过，信心满满地以为自己一定能行。

　　结果可想而知，第一年，名落孙山。不光没考上，而且各门功课的分数都很低，只有三四十分，都不知道掉到几十名后面去了。我很丧气，不知该怎么办才好。

　　于是我就写了封信给我所知道的北大一位教师。问他考北大是不是很难，是不是每门功课都要有八九十分。如果是那样，我自忖达不到这个水平，也就只好算了。

这位教师很快回了信。他说，考北大的研究生其实没我想象的那么难。每门功课有个六七十分八十来分也就够了。只是英语一定要过关。他还针对我没有学过哲学的特点，开了一个书单给我，要我务必把这些书念熟。

收到这封信，我大受鼓舞。于是下了狠心：一定要考上，不成功便成仁。

我把攻克英语作为关键。我的英语水平太差，文革期间，我初中毕业就下放到农村劳动，没上过高中。是个英语盲。考上师范专科学校以后，英语只学了一点点，《许国璋英语》的第二册前几篇文章都没有学完，英语几乎是要从头学起。但没有老师教我学英语，而且也不可能在上班时间去找人辅导。怎么在最短的时间内达到考研所需要的英语水平呢？

我采用一个最笨的办法：抄写课文。邮购了当时刚出版的《新概念英语》全四册（我还记得这书是安徽科技出版社出版的，四册共9元5角，呵呵），把前三册从头到尾地抄写，写熟了以后就默写。写到后来，只要列出前三册中任何一篇课文题目，我马上能把整篇课文默写出来。这样，我虽然不懂语法，但凭语感可以解决这个问题了。又找了一本上海交大编写的《大学英语词汇》默写单词（我不会念，我的发音很糟糕）。

我就是靠这个办法，闯过了英语的词汇关、阅读关和语法关。第二年去考，考出来的成绩是62分。而当年的全国研究生统考，英语及格线是55分。我五门功课加起来的总分超过了录取线。而且在所有录取的人中名列中等。

好像连老天爷也帮我这个愚昧狂妄的家伙。那年北大哲学系的研究生是直接录取，没有经过复试。不然以我糟糕的英语口语水平，恐怕很难过关。

我那几年老婆生孩子，家务事很多，再加上平时八小时坐班，是没有时间补习英语和哲学的。但事有凑巧，就在那两年，我从市委机关被借调到县普法办公室工作。那个办公室在一幢楼的顶楼，很安静，平时也没什么事情，就我一个人。给我学习提供了得天独厚的条件。我几乎是每天坐班学习八小时，晚上回家伺候妻子和孩子。两头不误。

那两年我基本上不看电视，也不参加任何的娱乐活动。有一年的年三十晚上，我在办公室里学习，机关巡逻人员过来了，看见楼上亮着灯，以为是小偷，冲上来逮贼，后来发现是我，一笑而去。这件事我自己后来都忘了，但他们还记得，讲起来还是很感叹。

后来有一个大学哲学系本科毕业的、考了数年研究生都没有考上的人来找我，因为他以为我能被北大录取，一定有过人的本领，跟我聊了以后，他发现根本不是那么回事，于是吃惊地问："你是怎么考上的呢？"

他没有去考北大哲学系的研究生，因为他不敢去。如果他去考，我根本不是他的对手。

德国诗人歌德的《浮士德》是以这样一句话结尾的："凡自强不息者，终为上帝所助。"

愿以此与所有的年轻人共勉。

。

成功就是一根筋吊牢

智者发现的是一般人还没有来得及发现的东西。愚者发现的是一般人早已看到的，想过的，但忽略了的东西。

牛顿是个笨人，他看到苹果往地下掉，他就想："这苹果为什么往地下掉，而不是往天上飞呢？"拼命地想啊想啊，这个就叫"一根筋吊牢"。

智者会想这样的问题吗？不会。

智者是看到一个事情就受到启发，马上想到三个类似的事情。即孔子所说的：举一反三。

比如中国的木匠祖师爷鲁班，他爬山的时候，手不小心抓到一棵带锯齿的草，被划出了血。他就想："这么软的草，因为有个锯齿，就如此锋利，那么可不可以用锯齿来做成木锯呢？"于是他发明了锯子。

愚者就想不到这样的事情。他如果手被草划破了，估计只会在那里拼命地想："它怎么就会把我划破呢？它为什么把我划破呢？"钻牛角尖，认死理。

杭州有一个成功的律师。他曾因代理了电影明星刘晓庆的官司而名声大噪。电视台的记者去采访他，问他："有人讲一个人成就事业，要有天时、地利、人和。你是占了其中哪一条呢？或者是都占全了？"

他回答说："这三者我都没有。论天时，我上大学的时候赶上反右，被打成右派。论地利，我不是本地人。论人和，我这个人最不喜欢与人交际了。我常常一个人呆着。"

记者不解地问："那么你的成功凭的是什么呢？"

他回答说："我就凭认一个死理。中国不可能不需要法律。中国一定会建设成一个法制的国家。所以我几十年从事法律学习与研究，从来没有中断过。"

这就是愚者。

记得有一年的高考，出的一道语文试题是一幅画。画面是一个人在挖井，他连挖了三口井，但都没有挖出水，于是他得出结论："这个地方是没有水的。"而实际上，水流就在地底下，只是因为他挖得不够深。

他之所以没有得到水，就是因为他太聪明地"及早放弃"了。

换个愚者来试试看，可能他根本就不会想到要及早放弃。只顾一个劲地死命挖。人家告诉他这底下有水，他就相信了，结果真的就让他给挖出水来了。

这是佛教里的一个故事。

愚者就是那个在所有的人都认为没有希望的时候仍满怀希望的人；是在所有的人都认为已经失败的时候仍在拼命努力的人。

同时，他也是那个在所有的人都认为已经胜利的时候仍以为还可能失败的人，是所有的人都认为可以松口气的时候仍不敢放松的人。所谓不到黄河心不死，不见棺材不落泪，就是指的这种人。

愚者的成功，不是因为他们有什么先见之明（如果是这样那就是智者了）。愚者之所以成功，往往是因为他们认一个死理。并且拼命地去实现它，甚至搭上身家性命也在所不惜。人家实在是拗不过他。老天爷见了他也退避三分。所以他胜利了。

中国著名的电影导演张艺谋拍了不少蜚声中外的好影片，他塑造的好多人物都是属于那种"一根筋"的愚者。例如《有话好好说》里那个死认要人家一只手的卖书的家伙（我忘了他叫什么名）、《一个都不能少》里面的魏敏芝。最著名的是《秋菊打官司》里的秋菊。她几乎成为张艺谋电影人物的代表。她那个口头禅"就是要个说法"，已经成为社会上处理争议时人们的口头语，已经到了可以收入汉语词典的地步。

其实张艺谋塑造的人物也是他自己的画像。

他曾这样说自己："我不一定是第五代导演里最聪明的，但一定是最用功的。"也是属于认死理的，头脑不转弯的家伙。有人曾跟他大冬天去乌克兰拍电影《十面埋伏》，回来说："这个人简直就是个疯子。在雪地里一站一整天，也不觉得冷。"

他愚到连拍摄《英雄》时用的黄树叶都要自己去一张一张亲手挑出来。其实这种事情找几个民工来做就可以了嘛！他就是不放心人家。

他的愚还表现在对电影以外的事知道得很少。当年台湾演艺界的F4红透半边天，张艺谋对此却一无所知，人家在那里谈F4，他还以为那是一种战斗机。一直到现在，他都不会用手机，所以他身边一直跟着一个拿着手机的助手。

而正是这种愚，使他成为中国票房价值最高的导演。

说起来什么都知道一点，都会一点，但什么都不精，这是聪明人的通病。原因在哪里，就是他看得太多、想得太多，太聪明。

我的毛病就在这里，比如在学术研究上。不是说一事无成，但是没有达到我认为自己应该达到的成就。为什么呢，就是因为我经常是"举一反三"，一研究某个问题，立刻看到其中的好几个问题，结果又忙着去解决这些问题，而在解决这些问题中，又发现还有其他问题。如此下去，最后只能面对一大堆问题望洋兴叹。

愚者不会去东张西望，他只会看一条路，只有一条道走到黑。

智者不一样，他左顾右盼，前面可以看到很多条路，到底走哪一条好呢？就拿不定主意。就算是走上了其中的一条路，也往往是心猿意马，一看到情况不对，或者其他有什么更好的地方可去，马上就准备跳槽。

而且最糟糕的是，以智者的才智能力，他往往在哪条路上都能走得不会太差。这样它就给你一个感觉，似乎在这条道上只要再努力一下即可取得很大的成功。这就使得智者更无法专心致志于其中的一条道。结果是审来审去，哪一条道上都不能取得大的成就。

人们都知道，一枚钉子，用锤子一敲，可以很容易地钻入木板。但如果这枚钉子已经平头了，那就很难做到这一点。就是因为尖头的钉子接触面小，而平头的钉子接触的木板面积大。

人生事业也是如此，一个人所从事的事业范围越小，越容易取得成功。反过来，从事的范围越大，则越难取得成功。

一个人不管进入哪一行，他的对手都是已经在这一行中浸淫了多年的老手。老手即使再不行，他毕竟已经做了多年，他所积累的经验，所积累的各方面的人际关系都远非一个新人可比。新人即使再聪明，再有智慧，他也不得不从这个行业的金字塔底端爬起，一步一步积累经验，建立人际关系。

所以黑格尔说：一个有志于成功的人，必须善于把他的才干限制在某个方面。历史上许多哲人都曾告诫人们，要专心致志于一件事。荀子就说：

"骐骥一跃，不能十步；驽马十驾，功在不舍。锲而舍之，朽木不折；锲而不舍，金石可镂。蚓无爪牙之利，筋骨之强，上食埃土，下饮黄泉，用心一也。蟹八跪而二螯，非蛇蟺之穴，无可寄托者，用心躁也。是故无冥冥之志者，无昭昭之明；无惛惛之事者，无赫赫之功。行衢道者不至，事两君者不容。目不能两视而明，耳不能两听而聪。螣蛇无足而飞，鼫鼠五技而穷。"

我也经常跟后辈们讲，大学毕业到了一个单位，如果感觉还可以，自己也没有什么特别的才干，就不如呆着，跟在老一辈后面老老实实地干，按部就班，等到前辈们都老了，轮也轮到你了，总还能混上个位置。在党政机关里，总能当上个处长，在企业，总能当上个中层。最后好歹也算个成功人士，能达到中产，顶不济也是个小康。

最怕的就是跳来跳去，这山望着那山高，总以为自己聪明能干，此处不留爷自有留爷处。结果到了什么地方都得从头干起，跟狗熊掰棒子似的，忙了一辈子，最后胳肢窝里还是只有一个棒子。一不留神，在什么地方还摔一个大跟头，爬都爬不起来。

聪明人就容易犯这样的错误。

道理都明白，只是做不到。比如我写这本书，其实也属于不务正业，按一个愚者的做法，就应该老老实实地做自己的学问，不能一会干这个一会干那个。我只是做不到这样。不光写书搞学问上课，还经常要炒炒股票。我在很大程度上是一个"鼫鼠"——五技而穷。

这正所谓性格即命运。

笨人笨人福，紧人紧卟卟

我的老家有句俗语："笨人笨人福，紧人紧卟卟"。这里的"紧人"就是指的那种很聪明，很勤奋的人。这句俗语的意思是说，笨人有自己的福气，聪明人勤劳智慧也不一定管用。

我曾经在一所师范院校读书。有一个同学，他天生口吃。连带着思维也比别人慢一些（比如说比我慢）。也就是说他也可以算是个笨人了。学习成绩当然也不会怎么样。到毕业分配的时候，老师们就犯难了——哪所学校会要一个口吃的教师呢？

刚好当时地委办公室来要一个人当秘书。学校就把他推荐出去了。当秘书口吃一点是没关系的。而且还对保密有好处。

后来的情况怎么样呢？后来，因为他是地委领导的秘书。人们争相巴结他，他有宽大的住房，漂亮的妻子，在仕途上步步高升。现在我们同学中，数他的官当得大。

但他依然口吃。

而我们这些伶牙利齿的人，思维敏捷的人，还在当着我们的教师。一个普通的教师。

看过一本书叫《金陵春梦》，不知是不是小说。里面讲到主人公"我"去报考蒋介石的卫兵。什么技能体力之类都考过了。最后只考一个问题：如果有人行刺领袖，你第一件应该做的事是什么？

许多应考者都回答：我马上拔枪把那个刺客打死，或者回答说把他擒住。只有主人公"我"回答："我用身体挡住行刺。"

其他应考者听了大笑。这是最笨的一个做法。

但最后被录取的是这个"我"。

后来这个老兄当了蒋介石的副官，有一次陪蒋介石会见一个外国人。三个人坐在一个房间里。这个老兄不小心放了一个屁。——很臭哦！蒋介石和那外国人都闻到了，互相都以为是对方放屁，一时不知如何是好，脸都憋得通红。

这位老兄站了起来，老老实实地说："报告总裁，刚才是我不小心放了个屁。"

蒋介石拍桌大怒："你给我滚出去！"

这位老兄乖乖地退出去了。

蒋介石打开窗户，笑着对外国人说："不好意思，管教无方啊！"那外国人也笑着回答说："没关系没关系，咱们接着谈吧！"

蒋介石出来以后下了个手令，这位老兄连升三级。

中国人讲，有三件事情可以让人成为一个永远让人纪念的成功人士：立德、立功、立言。就是以高尚的品德、文治武功的丰功伟绩，还有众口传烁的文章作品来扬名立万。其中以立德为最伟大，最了不起。

那么一个人怎么才能"立德"呢？成为一个愚者。

"立功"和"立言"这两项事业都需要才干，需要聪明才智，还需要机会。唯独"立德"不需要这些，它只需要愚一点。

一个愚的人，在某项比赛中可能是跑得最慢的，但是当换了一种比赛，大家都向后转的时候，他就成了跑在最前面的人了，他就是第一名了。而这个时候原先跑在前面的聪明人就要倒霉了。

比如"文革"当中，有不少聪明人上窜下跳，成为得势人物，但是到了1976年10月，"四人帮"被粉碎，文革结束，开始清理"三种人"。一下子，那些原先投靠帮派的聪明人就傻了眼。而那些认死理，不愿意跟着造反派，或者想跟而没跟上的笨人就得福了。

我母亲以前在一个医院里工作。她经常跟我们讲一件事：

文革期间，医院里有一个女孩子，是个漂亮的女护士，追求她的人挺多，其中就有当时地区革委会一个年轻的副主任，当时其权势正如日中天。但她不要，她不喜欢搞政治的。最后她选中的是一个医生。但她也对这个男的提出了一个条件，就是他不能从事政治方面的活动。这倒不是因为她有什么先见之明，只是因为她不喜欢。

当时正是医院里两派"夺权"斗争如火如荼。由于这位男医生业务不错，所以各派都来拉他，许他的愿。但这位男医生为了抱得美人归，都一一回绝了，不再参与两派斗争。于是他被人嘲笑为"怕老婆"、"不善于抓住机遇"。

没过几年，文革结束。那些帮派分子都被清理，开除下放坐牢。那位当初追求她的革委会副主任就坐了几年牢。这位男医生却鸿运高照，当上了医院副院长，成了学术权威。现在他们儿女也有着很好的工作，两夫妻安享晚年。

愚者在帕金森定律中胜出

大多数人盲目使用自己的才智，结果一事无成。

——葛拉西安

常常看到政府机关里或者什么单位里，有些人很聪明的、很有才干，但只是一个普通的办事员，他们很郁闷，牢骚满腹。因为他们可以说样样都好：反应快、文章好，口才好。办事有能力，上级交代的任务完成得好，周围的群众关系好，浑身上下几乎可以说找不出什么缺点。可他们一年又一年的期望总是落空。那人事任命的红头文件上总是没有自己的名字。他们仰天长叹：天妒英才！官场黑暗！

他们往往把这些归咎于自己"不会拍马屁"，"不会拉关系"。认为那些庸才们是利用不正当的手段上去的。

其实不是的。如果排除那些偶然的外在因素，比如说运气啊，朝中是否有人啊，以及确实有些人用了不正当的手段等等，那么，你之所以上不去，一般地说来就是因为你太"好"了。

我有个曾经当过官的朋友跟我讲，做官的第一诀窍就是要"平庸"。用《红楼梦》里薛宝钗的一句话来说，就是一个人如果想要上去，就要善于"守拙"："不干己事不开口，一问摇头三不知。"

太聪明的人、高智商的人，当不了官。

西方人有句俗语说，一个女孩子，如果长得丑，她自己不一定会知道；但如果长得漂亮，她自己不会不知道。这句话如果换到智和愚，那就可以这样说，一个人如果有点笨，可能自己不知道；但一个人如果很聪明，他自己不会不知道。

　　但知道自己聪明，麻烦就来了。因为聪明人总是希望让人看到自己聪明，总是希望把自己的聪明显示出来。而这在官场上是最要不得的。

　　不知大家有没有注意到这么一个史实：中国思想史上的大思想家，一般都当不上官。但儒道两家的代表人物没有当上官的原因在这一点上截然不同：道家的老子、庄子，是人家请他们当官，他们不去；儒家的代表人物孔子、孟子，是他们自己很想当官，人家不要。这是为什么呢？

　　因为道家的人自以为是愚者；而儒家的人则以为自己是智者，是聪明人。尤其那个孟子，自以为是五百年才一遇的大智者。他有一句名言："五百年必有王者兴。"这就是指的他自己。因为他算来算去，从周公到他，五百年已经差不多了。所以孟子发出一句豪言壮语："当今如欲治平天下，舍我其谁也！"但越是自以为智者，人家越是不要你。

　　所以孔子、孟子到处奔走，终其一生没能当上像样的官，孔子还当过点小官；孟子更惨，连个小官也没捞上。

　　以为自己是愚者的，人家请他去当官；以为自己是智者的，人家不要他当官。这就是当官的辩证法，这就是能当上官的愚者和当不上官的智者。

　　我这个人原来一直在党委机关工作，本来是想从政的。但是我这个人一辈子没有当上官，其实我也想当官，但就是没当上。五十多岁了，回过头来想一想。问题出在哪里，就出在我这个人太聪明了。

　　我一到机关里，就显示出了相当不错的潜力。论学历，我是当时为数不多的大学毕业生；论能力，我是中文系毕业，要写能写，要说能说。

记得我进机关不久，就代表所在部门参加了上级一次有关报刊发行工作的会议。回来以后，领导让我在全县的"报刊发行工作会议"上传达一下会议精神。我只列了几句提纲就上台，一个人讲了半个小时，声音宏亮，条理清晰，既完整地传达了上级精神，又结合实际加进了一些自己的理解。博得一片喝彩的掌声。领导也很赞赏。

后来领导把一些重要的报告、会议总结都交给我起草。那时候我才二十多岁，眼看着自己前途一片光明。真是春风得意。

但是霉运跟着也来了。部门的同事们感到了威胁，开始提防我。他们不再接纳我进入他们的圈子。对我的态度从原来的欢迎变成排斥，他们开始寻找我的缺点，在背后向领导打小报告。而我，总是有些缺点会表现出来。如果同事关系好，人家会向我指出，帮我纠正或者掩盖，最起码不会把它放大，到处传播。但现在，我的每一个小缺点都会被汇报到领导那儿去，最后变成不可容忍的错误。

而我，因为有一个很好的开头，自己就尽力想维持原来的水平，比如每次发言，都尽力想表现出更高的水平，实际上又不可能达到，何况领导对普通办事员的要求，也不是在什么会议上发言，或者有什么自己独到的见解，他们希望底下人的更多的是帮助他做好一些事务性的杂事。所以我最后也就被边缘化了，变得没什么进步了。

后来我考上了研究生。离开的时候，部门开了个欢送会。领导和大家伙表扬我，说我这个人最大的优点就是"聪明，善于思考，独立思考的能力强，有自己的想法观点。"我听了真是哭笑不得。

想不到的是，到了四十来岁，我又犯了同样的错误。

那时，我在一个高等院校里当一个部的副主任，主任马上要退休了。学校里已经传出风声，说要提拔我任部主任了。有人都来恭贺我了。

就在这时，上级领导部门要到我们学校来开一个座谈会。由于来的领导职位高，学校很重视，特意指定了几个人发言，其中就有我。当时我很兴奋，精心准备了一个晚上，一夜都没睡好。

第二天，大领导来了，会议开始，领导简单地说了几句话，就让大家发言。学校办公室主任给了我一个暗示，我点点头，就开始讲起来，精心准备的长篇大论，把学校教学科研各个方面的问题分析得头头是道。

大家都沉默着。讲到后来，我发现大领导倒是面色和善，不时点头；但学校领导沉着脸一声不吭。我开始觉得事情不对头。但是已经开了闸，一下子也刹不住。

发言结束之后，我感觉大事不妙。中间上洗手间，遇到一起开会的同事，他们没有像往常那样称赞，只是一脸讪笑。

果然，后来人事发布，我的一个属下被直接提拔上去任主持工作的副主任，当了我的领导。当我听到这个任命时，真是肠子都悔青了。恨不得地下有条裂缝，好钻进去不出来见人。

我从这件事当中得出的一个教训就是：千万不可在你的领导的上级面前显得比你的领导聪明。尤其是你的领导还能掌握你的命运的时候，那简直就是政治上的自杀行为。

曾经有这样两个人，都是一个机关里的才子，局长准备提拔其中的一个。要考察一下提拔哪个。考察办法是，局长拿了一个自己写的讲话稿，请他们两个看看，做些修改。在第一页上，局长故意写错了几个字，写错了句法与语法。

过了两天，讲话稿拿回来了。一个人极细心地看了这个讲话稿，把局长的错字和错误的句法语法都改过来了。另一人刚好相反，他不但没有能把局长的错误改过来，反而自己在修改的时候又犯了一点错误。

结果大概是你没有想到的——那个有错误的人被提拔了。而那个细心改正局长错误的人，他"还需要锻炼锻炼"。

西方人帕金森总结出官场上的一个定律，现在是以他的名字命名的，叫做"帕金森定律"。

定律第一条：任何一个长官，当他感觉自己不能胜任工作的时候，他的第一选择不是自己提出辞职，而是提出增加一个副手；

定律第二条：任何一个长官，不会选择一个比自己聪明的人做自己的副手。

我还要加一句：更不会选择一个自以为比长官聪明的人做副手。——你那么聪明，那么长官放在什么位置呢？在你出色的才干、绝顶的聪明相形之下，在你良好的群众关系相形之下，他会显得是什么样的人呢？人家会说："那个单位里，二把手比那个第一把手强多了嘛！"

而且，在你的明察秋毫的目光下，他不管做什么事情都瞒不过你，那不是在自己身边安个监视器吗？

葛拉西安在《智慧书》中说："没有人愿意在智力上被人超越，尤其是那些为人之主的。智力是人格属性之王，对其的任何冒犯都是大不敬。领导者总希望自己在最重要的事情上能高人一筹，君王喜欢得人辅佐，不喜欢被人凌越。"

此言甚是。只是要补充一点，不仅在智力上是如此，在其他方面比如受人拥戴方面，也是如此。如果是民主选举，领导不希望他人的选票超越自己。

让领导有机会显得比你高明，比你的群众关系更好，更受人拥戴。而不是反过来。

当你因为自己显得比领导高明、比领导更受人好评而得意洋洋的时候，你已经堵死了自己上升的道路。

红花需要绿叶衬

领导者可能会重用一个大家看来没有什么优点的人，但他决不会重用一个在大家眼中尽是优点，没有什么缺点的人。

因为领导需要有缺点的人做他的直接下属。

没有缺点，本身就是一个大缺点；没有优点，本身就是一个大优点。

你没有缺点，会显得领导者处处是缺点；你没有优点，会显得领导者处处是优点。

你看那些表现港台黑社会的电影里，黑帮老大身边常常跟着几个脾气粗暴，不知深浅的家伙，不管面对什么人，开口就骂，动手就打，常常挨老大的呵斥。

你有没有想过，这些人是不是很傻呀，做事情挨老大的骂，一次就够了，下次就会改过来，不那么冲动了，为什么总是犯同样的错误呢？或者说，老大为什么总是把这些愚蠢的家伙带在身边呢，难道他底下就只有这样的人了吗？

其实不是的，老大就是要用这样的人。因为他的身边就需要这样的人。这样才能显出自己一方的强大实力，同时在与这样的下属对比中，显示出老大的沉着、冷静和智慧。这正所谓红花需要绿叶衬。

作为一个老大，总有些话必须说，但自己不好说；总有些事必须做，但自己不好去做。他需要有人替他去说，去做。比如说，他需要有人喊："我们老大是最厉害的！谁敢跟我们老大过不去就是找死！"他需要有人去狠揍那些敢于顶撞自己、违抗自己的人，然后自己再去做一点安抚的工作。这样，那个人既很惧怕，又感激自己。

所以那些表面上不知深浅，看起来很粗鲁的家伙，其实是很知道深浅的。

如果你想要得到提拔，重要的不是在领导面前表现出什么才干，而是要在领导面前适当地表现自己的缺点。也就是说要显得是个愚者。而且这些缺点要让领导看见、听见，让他有机会批评你，教育你。

这一方面是前面说过的，让领导显得比你高明；另一方面则是领导会由此而看重你。

你在单位里如果常常受领导表扬，肯定会得意洋洋，会对自己的将来充满希望，设想出一个光明的前途。如果反过来，领导很少表扬你，反而常常批评你，对你提出很高的要求，你大概会觉得很郁闷："是不是领导不要看我，不然为什么人家也犯同样的错误，领导就不批评呢？为什么总是盯着我呢？"你会灰心丧气，甚至萌发跳槽的念头。

但是你要注意，在很多情况下，一个人得到领导信任的标志不是经常得到表扬，相反地，是经常受领导批评甚至责骂。

俗话说，爱之深，责之切。母亲对自己的孩子肯定是批评最多最凶的。这不是因为别的，只是因为他（她）是自己的孩子，母亲希望自己的孩子成才。在单位里也是一样。领导因为看好你，想要把更大的责任交给你，他才会注意你的任何一个工作细节和小缺点。才会批评你。这个批评是希望你能做得更好一些。其中就蕴藏着对你将来的寄托。

反过来说，如果他根本不想提拔你重用你，那么还有什么必要去批评你呢？就让你在那里一直呆着好了，只要工作不出大错就行。

为了让你心里平衡，说不定还会偶尔表扬一下，或者给你某方面"先进个人"的荣誉。

　　而那个领导准备提拔的人，他是得不到这些荣誉的。就算是以他的工作态度和业绩完全可以得到这些荣誉，领导也决不会给他。因为领导不能把什么都给一个人。他是要搞平衡的。

　　所以有时候人们会觉得很奇怪，为什么经常挨领导批评的人反而越是得到重用，而那些个得到荣誉多，大家都说好的人反而得不到提拔，越做得好越不会提拔，永远只是个"劳动模范"，道理就在这里。

　　你有才干，不需要什么特别的表现，因为领导无时无刻都在注意、甄别和选拔他身边的人才。因为领导需要有人来帮助他。

　　而且一个人的才干会自然地冒出来。就像易中天讲的一样，一个人的才干就像怀孕，时间长了人家就会看出来。

　　但是缺点不同。一般人会本能地掩饰自己的缺点。尤其是智者，智者是个聪明人，聪明人当然知道自己的缺点在哪里。于是他就会掩饰。有时候他会掩饰得如此巧妙，以至于人家误以为他的缺点是他的优点。于是他在大家眼中就成了一个全身都是优点，没有缺点的人。

　　于是他的上升道路就被堵死了。

　　因为领导会本能地对这样的人起戒心。因为没有缺点的人是没有的。全身都是优点，没有缺点——如果真的有这样的人的话，那是非常让人害怕的。那不是人，那是神。

　　让人看不出缺点的人，要么是非常善于掩饰，掩饰到人家看不出他的缺点；要么就是他有一个大缺点，一个非常大的缺点，只是还没有到那个时候，没有表现出来而已。因为在单位里，大家的接触一般只限于工作时间，在这个有限的时间里，一个聪明人是完全可以掩盖住自己的。

所以，领导有时候考察一个人，交给他一项任务，让他担任一个职务，不是要考察他的优点，而是想要看出他的缺点。

只有掌握了一个人的缺点，领导才能对他放心，才会觉得这是一个可用的人才。

领导者用人，扬其所长固然重要，避其所短更为重要。

这是因为，一个人的优点可以帮助领导者成就一番事业，但是一个人的缺点也会使领导者的整个事业毁于一旦。

众所周知，诸葛亮的统一大业是毁在马谡手里。诸葛亮看出了马谡的优点，但他没有看出马稷的缺点。

诸葛亮是个超级智者。但他也有个大缺点，就是不善察人。尤其是看不出人家的缺点。用关云长守荆州，用马谡守街亭，这是两个毁了他平生事业的错误，问题都出在他没有看出部属的缺点。

刘备对诸葛亮的这个缺点是看得很清楚的，平时他不说，临死时才说。刘备在病床上问诸葛亮，你对马谡的看法如何？诸葛亮回答说，马谡乃当世之英杰。刘备说不对，马谡这个人言过其实，不可大用，你要深察之。

刘备为什么要这样一问一答呢，为什么不直接把自己的观点告诉诸葛亮呢？他就是想通过这个方法对诸葛亮说，你在察人方面要多加小心。只可惜诸葛亮对此未加领会。

吃了亏以后，他又走向另一个极端，对谁都不敢相信，不敢放心。事无巨细，样样自己动手，事必躬亲，结果累死。

一个高明的领导者，不仅在于他能看出属下的优点，人尽其才，发挥他的才干；更在于他能看出属下的缺点。

领导者使用人才，就像放风筝：掌握了优秀人才的优点，人尽其才，这个风筝才能放得高，而掌握了优秀人才的缺点，就保证了把这个风筝线紧紧地捏在手中。

《第三帝国的兴亡》一书中曾披露：当年希特勒就是通过自己的秘密警察"盖世太保"和党卫军，掌握了一大批德国政界和军界领导人的隐私，一旦公布出去足以使他们身败名裂。结果那些人不得不服从他。希特勒才可以在德国为所欲为。

一个人想要得到提拔，不仅要有优点、有才干，是个智者，更要有缺点，是个愚者。而且这个缺点要缺得恰到好处，这个愚要愚得恰到好处，要使领导觉得可以放心，可以掌握。

比如说这个人脾气有点大，工作虽然负责认真，但有时会对底下的人发火（当然不能对领导发火，哈哈），群众关系不是太好。这样的人往往是领导最欣赏、最愿意提拔重用的。

下属与领导的矛盾是天然存在的。一个领导绝不可能做到与下属完全没有矛盾，群众对他完全没有意见。领导能做的只是要把这个意见控制在一个程度、一个范围内。在这方面，一个有点愚，容易冲动的下属就能起有效的作用。

因为他能成为下属的靶子，有效地转移下属的怒火。

这个有点愚的家伙得罪了许多人，其他领导的群众关系自然就好了。因为他的行为与其他领导形成了对比，无形之中把其他领导的形象改善了。

而且，一般说来，没有人会跟所有的领导闹矛盾，所以，当下属对某一个领导有意见的时候，他们会转向其他人，会自然地对其他领导产生好感。

最要不得的缺点就是自以为是，自以为比领导高明。而这就是智者最容易犯的毛病。比如说自以为比领导更会处理群众关系。比领导还要"会做人"。这是领导最不要看的。所以智者往往得不到提拔。而愚者往往能上去。

当然，如果一个人真的足够聪明，变成"大智若愚"，那也能当上官的，而且能当大官。中国各个朝代都有这样的一些人。例如清朝的纪晓岚那样。但这是难上加难的事情。就像郑板桥说的："聪明难，糊涂更难。由聪明变糊涂难上加难。"

孔子在《论语》中也说过类似的意思。

有个叫宁武子的人在卫国当官，在国家政治清明的时候，他显得很聪明；在国家政治昏暗的时候，他就装傻。孔子评论说，这个人的聪明是可以学的，但他的那个装傻，要学过来是非常之难。孔子的原话是："其知可及也，其愚不可及也"——只可惜，后来"愚不可及"成为一个成语时，被当作笨得不可救药来理解。

由此可见我们离真正的孔子有多远。

最高明的知识，有时候是无知，或者故意装着全然无知。

——葛拉西安

聪明人当不了一把手

《三国演义》、《水浒传》当中，是刘备聪明还是诸葛亮聪明，是宋江聪明还是吴用聪明？你会说，那谁都知道，当然是诸葛亮和吴用聪明。

但诸葛亮只是刘备的军师，吴用不过是宋江的下属。

也许有人会说，这是小说家言，不足为证。那么我举两个史实。是刘邦聪明还是他的属下萧何、张良聪明？是朱元璋聪明还是他的军师徐达、刘伯温聪明？

我们在业务单位里有时会看到一种情景：这个单位里个个人都有专长，都聪明能干，只有那个第一把手，比如说党委书记，他什么专长都没有，什么都不会。那他为什么能当第一把手呢？可能是他有背景？有关系？会拍马屁？都不是。只是因为他什么都不会。

什么也不懂的人当第一把手，这并不是个别的现象。比如美国，你看它的历任总统，有几个是有业务专长的？里根、克林顿、小布什，都属于那种啥也不会的人。外交、军事、经济，会哪一样？哪样都不会。而且像小布什，是出了名的笨，连话都说不好。可他们就是总统。

1983年，美国入侵格林纳达。当时美国军方举行新闻发布会。有人问：美国总统里根在干什么？发言人回答：他在度假，"关于此次军事行动，里根总统知道得和你们一样多。信不信由你。"

巴西流传过这样一个笑话：首都巴西利亚有家商店，店主定了个规矩。不论什么人，只要是某个行业的名人，能表演一下他那个行业的绝活，就能从商店里任意选取一件商品。免费。比如球王贝利，他进了商店，用脚将一个足球勾起，准确地踢到货架上。老板马上笑容可掬地请他入内随意挑选。

有一天来了个人，自称是巴西总统。店主照例要他表演一下绝活，以证明自己的身份。可是这个人说，他什么也不会。

店主坚持说："你总得表演一点什么来证明一下啊！"

来人为难地说："可我真的是什么也不会啊！"

突然，店主一下子恭恭敬敬地鞠了个躬，说："这就是了，您确实是总统先生。请入内随意挑选吧！"

什么也不会的就是总统先生，就可以当第一把手。其他人，至少得会点什么才能在社会上呆下去。

为什么会这样呢？原因很简单，第一，他们只能做总统。一个电影演员出身的里根在政府里能做什么事情，国务卿？——他不懂外交。财政部长？——他不懂经济。司法部长？——他不懂法律。所以他只能当总统。

当然这不是最主要的。不然文盲也可以当总统了。

第二，这是最主要的：他们适合当总统。分管业务的领导、做具体工作的人，都是在那个领域里有专长的，都是专业上学有所成的。专业工作一定要有懂行的人去做。

所有的专业人员都安排下来以后，剩下的任务就是协调。现代管理学奠基人法约尔提出"协调"为管理的五大职能之一，现在则有更多人把协调看作是管理的核心。

而这个协调的工作，却往往不是专业人员能够胜任的。这是因为专业人员会有他的业务眼光，他的协调，会不自觉地朝他的专业方向倾斜。比如，一个搞自然科学的人来当综合性大学的校长，他自然会把大学朝理工科方向引；一个文学家来当校长，就会强调管理是一门艺术；一个数学家来做校长，则会强调管理是规范，强调数字化管理。

而这样做的结果，往往导致偏颇，有时会导致学校整体向某个专业倾斜，不利于学科建设的平衡。

在各个学科之间搞平衡，有专业的人来搞协调，人家不会服气，他也搞不好。只有没有专业背景的人来搞协调，大家才无话可说。所以就要有一个政工干部出身，或者部队转业干部，或者比如说学教育学的人来当党委书记。也就是由一个"没有专业"的人，协调各个业务领导和部门之间的关系，

这样就产生了第三个原因：人们喜欢这样的人当第一把手。

如果你是个专业人员，给你个选择，你是愿意有一个深通业务、精明强干的人来领导呢，还是愿意有一个什么也不懂，有点糊涂的人来领导？我看，只要是有过实际工作经验的人，十个人中会有八个人回答是选择后者。

因为只有在这样的人领导之下，你才能随心所欲，才能尽情地发挥你的才干。

而专业人员来当领导就不行。如果这个领导是其他专业的，他就根本不懂你这个专业，但他往往会自以为是："你那个专业嘛，不就是那么个东西……"他会按照他的专业思想来理解你，要求你，让你啼笑皆非。

如果这个领导是本专业的，他又太懂业务，往往会压着你。你不但在地位上比不过他，在专业上也永远处于劣势。每一个细节都必须按照他的想法去做，你一点自由发挥的空间都没有，什么奖项、基金、课题都被他拿走了，都是他的名字放在首位。他无时

无刻在提醒你——你是个蠢人，你永远都比不上他。这会使你很痛苦。你只能指望他早点退休。或者干脆得个癌症。

只有什么专业都没有的人，他会尊重你，因为他知道自己什么都不懂。他也不会跟你争任何东西。

所以，各个单位里搞民意测验，选上去的往往是一个什么都不会、糊里糊涂的愚者。

我有段时间在一个党校工作，有一个副校长，根本就是一个马大哈，他什么都不懂，既上不好课也不会搞科研，一天到晚就会捧着个茶杯跟人嘻嘻哈哈。不管什么事情问他都说好的好的，但其实他说了什么都不管用。我很奇怪，这样的人怎么会被提拔上去当校长呢？难道堂堂一个党校，居然找不出一个像样的校长了？

人家告诉我，他是民意测验选上的。当时他的得票数最高。不让他上说不过去。

在愚者底下，人们会觉得自己很聪明，在智者底下，人们会觉得自己很笨。

所以，只有在一个愚者的领导下，人们才觉得舒服，才能最大限度地发挥自己的聪明才智。前面说过，领导喜欢用愚者。其实，被领导者也一样，他们也喜欢自己的领导是一个愚者。

这就是为什么愚者能成为成功人士。

宋江凭什么稳坐梁山第一把交椅？

看过《水浒传》，你就知道，作为梁山一百零八好汉之首的宋江，其实是什么也不会的，但位置坐得非常稳固，从来没有一个人对他的领导地位提出挑战。凭什么，就是凭的这个"什么也不会"的愚。

宋江也知道这点。所以他从来自称"小可宋江"。他当了梁山头领以后，不管是谁上得山来，是投奔梁山的农民起义领袖也好，或者是被俘来的官军头领也好，宋江要做的第一件事就是让贤："小可宋江不才，坐这个位子是不得已。现在您来了，您来了最好，请坐这个位子吧！"

谁也弄不清楚他为什么要这样做。就像后来李逵说的那样："让来让去，让得弟兄们心都凉了。"

李逵不懂，只有这样让来让去，宋江才能保得住他的位子。

老子说："夫唯不争，故天下莫能与之争。"宋江深得其中三昧。他就是"不争"。

为什么不争？因为跟人家争是要本钱的，他宋江有什么本钱？是武功超群，还是智谋出众，或者是一表人才？他啥都没有。"胸无韬略之谋，手无缚鸡之力"——拿来形容他倒正相配。至于说到他的家庭，也就是个小康之家，也没有什么拿得出去的皇亲国戚的家世背景，就一个小吏出身。

尽管他也曾自吹什么"自幼曾攻经史，长成亦有权谋。"那也不过是在郓城那么一个小县里可以吹吹，梁山一百零八条好汉个个身怀绝技，他那点头脑智谋，跟"智多星"吴用相比，如何拿得出手？所以宋江不能跟人家争。

不能争就不争，不管什么人上山来，一来他就让位置——"小可宋江不才……"

结果就是"夫唯不争，故天下莫能与之争。"他已经让了你还怎么跟他争呢？就没有人来争——"我哪里能行呢？还是你行啊！"结果宋江的一把手的位子就坐得很牢。

我们要注意，宋江让位置是有选择的，是很有讲究的：他从来不向上山已久的弟兄们让位置，而总是向刚上山、屁股还没有坐暖的人让；他也从来不私底下让，而总是在公开场合让。以免弄巧成拙，弄假成真。

这就是宋江聪明的地方。

但在很多小的事情上，宋江确实是糊里糊涂的。比如说，他居然容许自己的老婆跟人家私通；在县府里当小吏的时候，居然把梁山弟兄们给他的信和金条揣在口袋里到处晃来晃去。好像根本就不知道这种事情是要杀头的一样。会犯这种低级错误，只能说是愚者。

另外，他也确实是什么都不会。

但梁山的弟兄们就是喜欢这样的人。

掌声为愚者响起

一个领导，群众什么时候给他的掌声最多？不是在给大家发钱的时候，而是在这样两个时候。一是他对大家说"在这个事情上，我没有做好，对不起"的时候。二是他真心地说出自己的难处，请求大家谅解的时候。

这两个时候，群众会给领导以最热烈的掌声。不信你可以试试看。

有不少人以为，既然做了领导就要显示出处处正确，一贯的英明伟大。好像领导要是承认了错误，就会没有威信了。所以许多领导干部往往"文过饰非"——把一切功劳归于自己（和自己的领导班子），把所有的错误归于下级或者其他客观因素。

其实没有必要。不但没有必要，而且这是最蠢的方法。

这个方法在以前文化落后、信息闭塞的年代，比如封建社会里，应该说还是有点效果的，因为老百姓基本上大字不识一个，掌握的信息非常有限，只好听你说什么就是什么。最多有些无法证实的小道消息在流传，所以现在中国历史上还有些野史，作为正史的补充。现在不行了。"群众是真正的英雄"这句话，在信息时代里得到了最充分的验证。

很多时候，一个单位里的群众掌握的信息其实比领导还要多。只要是做过领导的人都有这样的体会，群众经常比你更早地知道本单位人事将要变动的消息，这个时候你自己往往还蒙在鼓里。有时你手下的人会突然说出一些与本单位有关或者与你有关的信息，让你大吃一惊，因为你从来就没有听说过这些。

至于信息的分析判断能力，群众绝对不会弱于你。甚至于你的一些私生活和心理活动，群众都看在眼里，都一清二楚。别以为人家不知道。

所以，领导绝不要自以为聪明，与其让人看出自己逶过于他人，徒劳地掩盖错误，把困难归诸于客观，不如老老实实地承认，自己没有做好，自己是一个愚者。

不要以为这样底下的人就会看不起自己，其实群众也会理解领导的。人非圣贤，孰能无过？更何况，很多事情并不是领导个人能决定的。整个形势也不是领导个人能左右的。现在的领导也多少要考虑点自己的利益。这些群众都知道、能理解。

群众当然希望有一个英明睿智的领导，因为只有这样的领导才可能把工作做好，给单位带来更多的利益。但是他们更希望有一个具有良好品德的领导，因为只有这样的领导才会公平地照顾到群众中每一个人的利益。

而诚实，就是美好品德的第一条。所以，领导不妨愚一点，敢于承认自己的错误。这样的领导，是群众最拥戴的。当年毛泽东在抗大向红四方面军的指战员们鞠躬承认错误，这件事不是被传为佳话，流传至今吗？它有没有影响毛泽东的威信呢？没有，反而给毛泽东造就了像许世友这样的忠心耿耿的卫兵。

既然如此，你，一个单位的普通领导者，还有什么好担心的呢？

南方出状元，北方出皇帝

如果在一个组织里，我们只看到领导者是最能干最高明最有智慧的，文韬武略样样都行。底下人都庸庸碌碌，整天围着领导转，这一定不是一个好的、有效率的、让人心情舒畅的组织。

反过来说，如果一个组织里见不到领导有什么才干，甚至感觉不到领导者的存在，只看到生龙活虎、才华出众的下属们，这个组织一定很有效率。人们在里面呆着也会觉得心情舒畅。

老子说："上善若水。水善利万物而不争，处众人之所恶，故几于道。""上善"者，高明之领导也，他们就是要做"水"。万物生长都离不开水，鱼儿在水中快乐地游。但水本身却没有什么要求，好像是不存在的一样，人们观鱼的时候几乎不会注意到水。这就是"善利万物而不争"。

那么水又处"众人之所恶"是什么意思呢？中国人有句话："人往高处走，水往低处流"。低处，是肮脏的、潮湿的、黑暗的，是人所不愿意去的。而水却往这样的地方流。所以水是"处众人之所恶"。

老子说，人们要向水学习，意思是说，就是要呆在人不愿意去的地方。去做大家不愿意做的事，这样的人就是最接近于"道"的。

解释一下：如果你是在一个单位里工作，现在要民主选举一位领导。给你两个人选择：一个人很有能力，什么好事情都轮到他，集各种荣誉和称号于一身，什么出头露面的事全都是他去，钱他拿得最多；另一个人默默无闻，没什么大的能力，只是经常干一些人家不愿意干的烦琐小事。比如组织出去旅游，负责订票，组织会议，会后负责收拾残局。凡是好事，出头露面的事他都让人家去，自己拿的钱也少。这样两个人，你会选谁？

你当然会把票投给第二个人，这是毫无疑问的。

领导者的任务就是协调，协调就是要让作为下属的"鱼儿们"在水中游得快乐，游到最好，而不是自己在那里掀浪头，自己在那里表现，去跟底下的人争资源、争利益。

领导是藤，属下是那藤上的瓜。藤的任务就是向瓜输送养料，使瓜长得大，而不是半道上把养料截住供自己享用，藤变得很肥，瓜却很小。

所以邓小平讲，领导就是服务。能够专心做好服务的人，一定会是群众所拥护的人。

所以老子说："太上，不知有之；其次，亲而誉之；其次，畏之；其次，侮之。"最高明的领导就是让人不知道有领导。让人害怕、挨人骂的领导，当然不是什么好领导。但人们愿意接近的、经常受人们称赞的领导也不是最好的；一个最好的领导者的标志，是人们没有感觉到这个领导者的存在。

所以，"圣人处无为之事，行不言之教"，"功成而弗居。"圣人"无为而无不为"。

意思是说，只有领导者"无为"，他最后才能做到"无不为"，即什么事情都能做成。而这个"无不为"是底下的人给他做出来的。

这就是为什么那些外行的愚者也能当好领导的原因，而有时候所谓内行的智者反而做不好领导。

中国有南方人、北方人之分。你说，是南方人聪明，还是北方人聪明？相信许多人都会回答：南方人聪明。

所以，北方出皇帝，南方出状元；北方出统帅，南方出宰相；北方出土匪，南方出流氓。南方出秀才，北方出大兵。秀才遇到兵，有理说不清。

愚者高论：汽车不就是两个沙发四个轮子吗？

吉利汽车的老总李书福就有一句高论："什么汽车？不就是两个沙发四个轮子吗？"

这种傻话让汽车行业的专家们听了只会摇头窃笑。

但是，李书福就是凭他对汽车"两个沙发四个轮子"的信念，拼命努力，结果造出了中国仅有的国产品牌的汽车。而那些汽车行业的所谓的专家内行们，到现在也只能亦步亦趋地模仿国外的汽车。

为什么呢？前面已经说过，那就是，只有愚者才看不到风险，才敢于冒险。不敢冒险的人是赚不到大钱的。

大家都知道，搞技术也好，开发市场也好，创意非常重要。一个好的创意足以让你成功。

但是一个真正的好创意往往是一个大家都认为不好的创意。你如果说出一个创意，大家都认为很好，那多半已经不再是好创意了。——已经有人捷足先登了。

但是，把一个大家都认为不好的创意付诸实施，要冒极大的风险，这只有愚者会去干。

市场经济下赚钱发财是大家共同的目标。那么什么样的人能发财呢？好像首先是聪明人，是智者。因为他们善于抓住市场机遇，善于开发技术，等等。

其实也不一定。

上个世纪九十年代，有一次我坐火车。没有买到座位票，因为带着孩子，狠了狠心，买了个特等车厢的座位号（那时候金温铁路是有这样的等级制车厢的）。

坐下以后，前后一看，乖乖不得了。全是富翁级的人物。这是不要仔细问的。一眼就可以看出：这里的乘客皆是些腰缠万贯的主。坐在我隔壁座位的是一位绍兴轻纺城的企业主。他自己跟我说，他一年的营业额就有几千万。那个时候的几千万是很多了。

我想，难得有这样的机会，跟这些富人坐在一起，要讨教讨教。

于是我就问他："你认为做一个成功的企业家，最主要的品质是什么呢？是聪明机智，还是勤奋踏实？"

他说："都不要。聪明可能反被聪明误。勤奋也可能是整天空跑，是空着急，弄不好还被人家骗了。"

我惊讶地问："那成为一个富人，靠的是什么呢？"

他说："运气。运气来了，整天躺在宾馆里也能发财；运气不来，一天到晚在外面跑也没有用。"

他给我举了个例子。他有个朋友，也是做生意的，但属于比较懒，也不太动脑筋的那种人。有一次，上了人家的当，买进了一大批积压的尼龙布。换个稍微动点脑子的人，或者稍微勤快点了解行情的人，都会知道这些货根本就销不出去。但这位朋友根本就没有去了解，所以买进了。

当然，买进了就压在手上，套牢了。

想不到，过了几个月，中东地区局势紧张，石油价格上涨，石油价格一涨，尼龙布的价格自然也就跟着上涨了。结果这个家伙不但没有亏本，反而加价抛出，大赚了一笔。

他说完这个故事，加重语气说："这就是运气，没办法。"

不过我从这个故事得出的结论却是，要想有运气，还得先是个愚者。

如果此人不愚，他很精确地了解市场情况，他就不会买进那批尼龙布，他又怎么能得到这个运气呢？

有人曾对民营经济发达的浙江省的企业家们作过调查统计，发现，许多成功的企业家，他们给人的第一印象，往往并不是精明强干，相反地，他们往往显得有点憨头憨脑。而且他们并不是装出来这副样子。他们本来就是这样的人。

但正是这样的企业家才有可能会成功。而那些看起来很聪明的人或者什么专家之类，往往是他们的下属。或者是一些并不成功的企业家。其中一个原因是：如果一个商人看起来就十分精明，人们只会对你有戒心，防着你，谁敢放心地跟你做生意呢？

我们都知道商家与厂家经常挂在口头的一句话：顾客就是上帝。但这个话基本上只是说说而已，谁也不会拿它当真。厂家与消费者、商家与顾客，基本上就是蒙与被蒙，忽悠与被忽悠的关系。

但在一家电器商店里有这样的一个营业员，他实在是愚得可以，竟然把老板跟他说的这句话当真，每逢有顾客来，他总是认真地为顾客着想。如果别处还有更便宜更好的货，他总是劝顾客不要在自己的店里买，把顾客推荐到其他店里去。这位老兄在店里工作了一段时间，不光没有拉来什么生意，连上门的生意都被他赶跑了。老板一气之下炒了他的鱿鱼。

但过了几天，这个老板不得不亲自登门把他请了回来。原来，现在店里已经是顾客盈门。但所有的顾客都指名要他服务。

又过了一段时间，这位老兄成为这家商店的形象代言人，他的照片被挂在门口，并被聘为这家商店的终身员工。

股市里的愚者和智者

股票市场是赚钱的好地方。什么样的人能在股票市场里赚大钱呢？是愚者。

大家都知道股票市场里有句话："长线是金"。意思是说，抱着一只好股票不放，长期持有，是赚钱的最好办法。

那么什么人会这样做呢？你不要以为是聪明人会长期持股，其实是愚者才会这样。

聪明人都知道，没有只涨不跌的股票，也没有只跌不涨的股票。涨多了必然跌，跌多了必然涨。所以股票要高抛低吸。

这就是聪明人。

但实际上，他们每天忙忙乎乎，不但赚不到银子，往往连铜和铁也赚不到，弄不好连老本也赔进去。

只有愚者不懂这个。他只认一条死理，相信股票会无休止地涨。

而且愚者持股的理由也很好笑。曾看到一篇文章，讲到上个世纪七十年代，日本股市疯涨，有一个人一路持有摩托车的股票，发了大财。而他持有这些股的原因是："买股票就要买形象好的股票。摩托车形象好，开起来多威风啊！"

九十年代初，深圳股票交易所开张。股指一路疯涨。有不少在香港炒股票的人都去深交所炒。这些都是富有经验的聪明人，但他们都在股票疯涨的时候卖出股票，结果被轧空了。

真正持股不动，赚到大钱的是几个从来不知股票为何物的愚老太婆。而她们持股不卖的理由竟然是："社会主义的股票哪有下跌的？"

世界股神巴菲特，就是一个这样的愚者。他的办公室里连一台用于股票分析的电脑都没有。他赚钱，唯一的办法就是：觉得哪只股票好，就一直持有。几年甚至几十年不卖。这是个最典型的笨办法。

这个办法有时也让他损失惨重。2000年，欧美股市网络股一飞冲天，像一只叫"亚马逊"的股票，做网络书店生意的，涨了几百倍。而那些传统的蓝筹股要么不动，要么一跌再跌。但巴菲特没有去做网络股票，理由是："我也不懂网络。"那一年，他几乎没赚到钱。

但现在，巴菲特依然是股神，而那些当初在网络股里大赚特赚的"股仙"们，不知什么时候又把钱还给市场了。

中国股市波动大，比起西方股市来，波动要大得多。常常看到美国股市的报道，升跌个百分之二就算是大涨大跌。中国人看了只是笑笑。这在中国股市里只能算是小风小浪，实在太平常了。

为什么中国股市波动大而西方股市波动小？那是因为中国股市里聪明人多，而西方股市里愚者多。

在中国股市里，人人都是智者。谈起技术分析、基本面分析，都是头头是道。没有人会说自己什么也不懂。事实上这样的人也很少。就算有这样的人，他们也往往很虚心地听聪明人的话去买卖股票。

而股市里赚钱的永远只是少数人。根据"相反理论"，当大多数人的意见都一致的时候，他们都错。

曾经听到这样一个故事：有个小孩子是个笨蛋，人家给他一个一元的硬币、一个五角的硬币，他只拿那个五角的，而把一元的还给人。这个故事传开以后，有不少人很感兴趣，纷纷当面去试这个小孩。果不其然。

于是有人就问这个小孩子："为什么你总是拿那个五角的硬币呢？你应该拿那个一元的。"

那个小孩子抬头看了他一眼，冷冷地说："如果我拿了那个一元的，以后你还会拿硬币给我吗？"

　　这就是赚钱的愚者。

　　其实企业家也是一样。不卖最高价，不买最低价。适当地亏一点，留给他人一点，回报给社会一点，才是持续赚钱的路子。

　　做生意，大家都知道要头脑活络，眼观六路，耳听八方，要善于抓住商机。古时候商人门前常贴的一幅对联就是："生意兴隆通四海，财源茂盛达三江"。这样的生意人就是智者。

　　而那种只知死盯着眼前的一点小生意的人无疑是愚者。

　　我有一次去参观杭州青春宝集团，老总冯根生跟我们谈到一件事，在世纪之交的时候，许多人劝他去做房地产，说是一个赚大钱的好机会就要来了。他思前想后，最后没有去。理由是："房地产我也不懂"。

　　这就是一个典型的愚者的话。你说不懂，它可以学习呀。在一个聪明人面前有什么学不会的呢？而且再退一步说，就算自己不懂，也不想学，可以请一个懂的人来做呀！

　　但正因为他只盯着本行，没有去做房地产，结果在本行业内越做越大，牢居中国保健品行业龙头老大的地位。在这次金融危机中他丝毫未受影响。

　　而那些头脑转得快的企业家，那些转行做房地产的企业，多元化扩张的企业，曾经比青春宝风光的企业，往往如昙花一现，在这次金融危机中都摔得不轻。有的甚至一蹶不振，从此销声匿迹。

　　意大利人在谈论精明的人时，除了夸赞他别的优点外，有时会说他表面上带一点傻气。是的，有一点傻气，但并不是呆气，再没有比这对人更幸运的了。

——培根

愚与智的对立统一

世界上的事物都是对立统一的。它们相互依赖，相互对立，相互转化。比如世界上最高的喜玛拉雅山，与世界上最深的大峡谷雅鲁藏布大峡谷在一起。

智与愚也是一样。有智必有愚。没有愚也不会有智。

孔子讲：唯上智下愚不移。这句话被中国的士大夫、读书人当作维护自己地位的保证书。他们都自以为是上等人，是聪明人，看不起大字不识几个的老百姓。认为自己应该被百姓们供奉起来，享受特殊的待遇。

其实换一个角度看，士大夫、读书人虽然饱读诗书，但"肩不能挑，手不能提"、"四体不勤，五谷不分"，不也是一个愚者吗？而普通老百姓在劳动生活这个方面却是最聪明、最有才能的。

正是从这个角度，当年禅宗的六祖慧能讲："下下人有上上智，上上人有没意智"。毛泽东在1958年视察第一拖拉机制造厂时，把这句话发挥了一下，给工人题词：

"卑贱者最聪明，高贵者最愚蠢"。

一个非常聪明的人，在另一个方面也完全可能是一个非常愚的人。但他如果没有这个愚，他也就达不到那个聪明。

当我们仰望历史上那些科学巨匠和思想巨人的时候，我们惊叹于他们深邃的智慧，常常感到自卑，觉得自己实在是太渺小、太愚蠢了。

其实完全不必这样。因为这些巨匠们也有很愚的一面。

大科学家牛顿，是个了不起的智者吧，他曾经被认为是给世界带来光明的人，西方科学界有这样一句话称颂牛顿："上帝说：'要有光。'于是牛顿诞生了。"

　　但牛顿在一些家事上也很笨。他家里养了两只猫，一大一小。于是他就在家门上开了两个洞，一大一小，大洞让大猫走，小洞让小猫走。后来人家告诉他："其实你只要开一个大洞就可以了。"

　　牛顿恍然大悟，一抓脑袋说："是呀，我怎么这么笨呢？"

　　在人类第三个一千年（21世纪）到来的时候，英国广播公司（BBC）曾举行过一次全球评选：谁是一千年以来最伟大的思想家。参加评选的还都是西方国家的人。结果马克思高居榜首。

　　因为马克思的思想曾经统治了半个地球。在最高峰的时期，地球上差不多有一半人声称自己信仰马克思主义。就这一点来说，人类历史上能跟马克思相比肩的人恐怕只有耶稣和释迦牟尼等寥寥数人。所以马克思作为千年思想家是当之无愧的。

　　但是马克思在另一方面也是个愚者。他当年大学毕业以后怎么也找不到工作。这不是因为他眼界太高，不愿意做一般工作。其实他什么工作都愿意，只要能挣钱养家就行。但就是找不到。竞争不过其他人。

　　马克思有一次甚至去一个铁路车站应聘文书的职位，结果还是竞争失败，人家不要他。理由是他的字写得不好看，而且难认。

　　你看，最伟大的思想家连字都写不好。

　　爱因斯坦是智者还是愚者？相信大家会理所当然地认为，他绝对是一个智者。爱因斯坦的大脑已经被保存下来，做使人变得更聪明的研究之用。

　　但在另一方面他也是个愚者。据说爱因斯坦到了七岁才会说话。而且他终身不能学好一门外语。他的语言能力极差。他的数学也没有学好。所以有人曾质疑，说爱因斯坦相对论的数学公式是他妻子替他推导出来的。他妻子是个数学家。

但是，正因为爱因斯坦愚，所以他才会想一些人们都不会去想的事情。比如说他从小就痴痴地想一个问题：一个人如果以光的速度跟着光走，会出现什么情况？

结果他发明了相对论。

智者往往眼疾手快，机智敏捷。他一股劲地往前走，往往最早发现有价值的东西，也最早丢掉没有价值的东西。

愚者往往手脚都比别人慢。脑筋迟钝。人家早就知道的东西他不一定知道。人家早就翻过的地方，丢下的东西，他不知道，还在继续翻。还在继续拣。简直就是浪费时间嘛！

但也有可能，他在一个被许多人翻烂了的地方，忽然找到了被人所忽略的很有价值的东西。

愚者往往不知道人家早已知道的东西，也就是所谓"缺乏常识"。或者就算是知道了常识，他也要反复地追问这个常识。所以西方人有句话讲："一个傻子提出的问题，十个聪明人也回答不了。"

智者不会去想这些问题。因为他早已把这些问题当作理所当然的常识了。就算他想到了这些常识里有问题，也不会说出来。

但正因为愚者缺乏常识，追问常识，他就可能比其他人更接近事物的真相。因为所谓"常识"，正如许多后现代思想家指出的那样，它们经常起一种蒙蔽人们眼睛的作用。它们常常"遮蔽"事物的真相。

金庸有部小说叫《侠客行》，里面有这么一段情节：一个海岛上，有个岩洞。洞壁上刻着一首李白的诗《将进酒》，传说这首诗里隐藏着一种绝世武功。于是有众多武林高手们纷纷赶往这个海岛，企图找到这种武功。

　　但是他们在洞里对着这首诗左看右看，颠来倒去地看，怎么也看不出有什么武功在里面。他们还请了饱读诗书的文人学士、李白的研究专家，这些人对着洞壁研究，每一个字都被反复推敲，但就是看不出来有什么武功在里面。

　　后来有一个不识字的小孩子去了，对着洞壁只一看，就看出了其中的武功。人家问他："你是怎么看出来的？"

　　他回答说："它就画在上面呀！那些一个一个的字，不就是一个一个的人在做出各种各样的动作吗？"

　　不识字的人当然是愚者。但正因为他愚，他看出了这首诗的"本质"。

　　所以老子讲，一个人想要认识道，就要做到"静观、玄览"，要像个婴儿；荀子把它说成是"虚壹而静"。总的说来，就是要求把自己先前的所谓知识呀，经验呀等等都去掉。去得越彻底越好。只有这样，才能真正认识事物的"本质"，也就是"道"。

　　西方哲学家也有这样的看法。比如德国哲学家胡塞尔就说，要达到对事物的"本质直观"，就要来个"先验还原"，也就是用一种特殊的方法，一点一点地把自己已有的成见去掉。

　　老子讲："为学日益，为道日损。损而又损，以至于无为。无为而无不为。"这些说法都是要人们成为一个愚者。以此来认识事物的"本来面目"。

　　大道至简。最深奥的东西其实往往是最简单的。简单到你都不相信它就是最深奥的。

　　比如哲学，大家都认为它是最深奥的。研究什么世界本原啊，心与物啊，一般人都不懂。如果有一个人说话，大家都听不懂，莫明其妙，人们往往会说："啊，你真像个哲学家呀！"

曾经有个学校的党委书记对我说："你们这些搞哲学的呀，就是研究像'先有鸡还是先有蛋'这类问题。"他的意思是说，哲学家就是研究人们都不懂，也没有什么用的深奥问题。

但实际上哲学家们都是些愚者。证据就是：他们发现的是一些最简单的道理。

比如被认为是最伟大的哲学家马克思，他的哲学的中心思想只有这样一句话："人必须得先吃饭。吃了饭以后才能干其他事。"（原文是："正像达尔文发现有机界的发展规律一样，马克思发现了人类历史的发展规律，即历来为繁茂芜杂的意识形态所掩盖着的一个简单事实：人们首先必须吃、喝、住、穿，然后才能从事政治、科学、艺术、宗教等等。"恩格斯《在马克思墓前的讲话》）

这真叫人目瞪口呆。你说这么简单的事情还用得着马克思去发现吗？

但就是这个思想，让那些自以为了不起的哲学家思想家们对马克思佩服得五体投地。

我在北大期间，有一次去听中国思想家李泽厚讲座。听完以后我忍不住问他："古今中外的思想家有没有哪一个是你看得起的呢？"

他毫不犹豫地回答说："有啊，马克思就是我最佩服的一个。他说，人首先必须要吃饭，然后才能生存。这就是我最佩服的。"

后来我看到李泽厚在他的著作中，把马克思的思想叫做"吃饭哲学"。

20世纪最伟大的哲学家之一维特根斯坦，他的全部思想也可以归结为一句话："废话少说"。

维特根斯坦有一帮朋友，号称什么研究哲学的"维也纳学派"，整天吵吵嚷嚷地谈论哲学。吵得他实在受不了。于是维特根

斯坦朝他们大吼一声："废话少说！"（原话是："凡不可说者，应保持沉默。"《逻辑哲学论》）

他的朋友们听了这句话大为惊叹，马上一致公认维特根斯坦为最伟大的哲学家。

创立中国佛教禅宗的六祖慧能，是不识字的。从小在山上砍柴，没有上过学，读过经书。但是人们把《金刚经》的任何一段念给他听，他都能很清楚地、很明白地解释出来。为什么他能做到这样？

因为他不识字。他是用心去体会佛学。

禅宗是"不立文字，直指本心"的宗教。真正的佛学是应当这样的。

如果一个小孩子去学武术，师父问他，武术是干什么的？他回答：武术是打架用的。这一定会被人嘲笑。会被认为是愚者，要好好学习才是。

曾经在电视上看到一些武术家在谈论武术。说习武之人并不是为了打人，也不单是强身健体，而是为了追求真理，是要养成博大的胸怀，达到做人的高尚境界，甚至于什么天人合一等等之类。确实深奥至极，令人肃然起敬。

我以前也相信这类东西，直到我知道了李小龙。

李小龙说，武术的本质是什么？就是把对手打倒。就是抵抗对手的进攻，然后把他打倒。因此，所谓武术，就是攻防之间的转换。也就是说，武术就是打架用的。就这么简单。

不知那些追求真理和"天人合一"的武术家们去跟李小龙对打的话会怎么样。估计会被打得眼冒金星。脑袋里出现夜空景色，那倒真的是"天人合一"了。

愚者就是安徒生童话中那个说出了"皇帝其实没有穿衣服"的

小孩子。智者不会去说这个话。

大家都知道孔子的这句话："知之为知之，不知为不知，是知（智）也。"许多人认为做学问就应该这样。

愚人往往反其道而行之，常常大家都知道的事他偏不知道，大家都不知道的事他偏自以为知道，是"知之为不知，不知为知"，所以，"是愚也"。

但创新就需要这个。创新就是对于大家都知道的常识敢于提出自己的疑问，对大家都不知道的东西敢于提出自己的见解。

初生牛犊不怕虎。因为牛犊年轻，不知道老虎的厉害。它是个愚者。但正因为这样，它具备了打死老虎的第一个、也是最重要的条件。

所以，许多在某一个领域做出划时代贡献的人，往往不一定是这个领域里的专家或者权威。而常常是一个外行。因为只有外行人才会提出一些专业中的智者们想不到的、或者根本不会提的问题。

所以，世上的创新者，往往是些年轻人。众所周知，爱因斯坦提出狭义相对论的时候，他不过是地方上专利局里的一个26岁的职员。

智者的创新是站在愚者肩上

什么是科学？英国著名的科学预言家克拉克（他曾因成功地预言了人类在1969年登上月球而闻名）说过，科学就是区分不可能与可能。

把可能的事情做出来，做好，这是智者的事；但是，知道什么是不可能，却是愚者的功劳。因为，知道什么是不可能，那是要经过失败的。而且要各种方法全都用尽了，人们方才知道这是不可能的。

智者不会去做那些看起来很可能失败的事，前面说过，他们所要做的事都是事半功倍的事。只有愚者才会不惜工本、全力以赴地去做一件很可能失败的事。

人类科学的进步就是不断地向已有的定律和思维挑战的过程。这个过程是需要做出牺牲的，这只有愚者才会这么做。

智者做事很少做第一，只做第二。香港人的口号就是"只做第二"。那是因为做第一风险太大。从风险与收益比来说，做第二是最好的。即收益最大，风险最小。

只有愚者不知道这个。他只认死理。做事从来不考虑后果，不考虑风险。所以愚者往往是"第一个"。

第一个吃螃蟹的一定不是智者，而是愚者。智者不会吃那种看起来很可能有危险的东西。至少他也会等其他人吃过了，没有危险，自己再去试试看。但愚者就不一样了。

这个吃螃蟹的愚者，他不仅吃过螃蟹，而且还可能吃过蜘蛛、苍蝇、癞蛤蟆以及其他一些恶心的东西。但最后只有螃蟹被证明是美味。

一次吃螃蟹的成功是以无数次吃其他东西的失败换来的。

所以智者成功的多，而付出的代价少；愚者不同。他往往成功少而代价大。

智者"见好就收"。他知道什么事情在什么时候应当适可而止。他从来不去挑战那种风险很大的极限。

但是愚者不知道什么叫做见好就收。他做事向来一根筋。非要搞到山穷水尽、水落石出，不见棺材不落泪。甚至见了棺材他也不落泪，还想再试一试。

愚者就像是运动会上那个跳高运动员。在人类所有的体育项目中，也许只有跳高比赛是最终以失败而结束的。一个跳高运动员，即使他已经战胜了所有的对手，赛场上只剩下他一个人了，他还是要继续跳。一直到他跳不过去，连续三次都这样，然后才能结束这场比赛。

但正因为有这样的连续的失败，人类才能跳得更高。

智者是站在他人肩上的。这个肩是由什么人组成的呢？就是由愚者。无数的愚者的失败，造就了一个肩，而智者站在这个肩上，他成功了。

宋朝有个人叫万户。他想到月亮上去。他把两支火箭绑在椅子上，自己坐上去，点着了火箭。

结果可想而知：轰的一声，炸得连人都没有了。

但是今天月亮上就有一座环形山是以他的名字命名。他被视为是人类航天的先驱者。

当失败者失败的时候，他牺牲的可能不仅仅是他自己，他可能还引起了一场灾难。比如，一个失败的实验，赔进了这个实验室全部的财产，甚至于把人的命也送了。至于社会革命的失败，那就更是成为浩劫了。它可能会以千百万人的性命为代价。

但是人类最后将以他们而感到骄傲。

世人往往以成败论英雄。所谓胜者为王败者为寇。但是，如果没有那些失败者的失败，也就不会有后来成功者的成功。知道了什么是不可能，才知道什么是可能。从这点来说，当我们给成功的智者献花的时候，我们理当对失败的愚者给予更高的敬意。

>> 人生篇

中国哲学家冯友兰先生曾说过，中国哲学与西方哲学不同，中国哲学所关注的是提高人生的境界，而不是增加人对于自然的知识。

他说，人生有四种境界，一种是自然境界，一种是功利境界，一种是道德境界，一种是天地境界。

自然境界也可以叫动物境界，处在这个境界中的人，没有自己的主张与思想，看人家干什么，他也干什么。日出而作，日入而息，饿了便吃，困了便睡。有不少人对人生完全没有自己的规划，看人家做什么自己也就做什么，人家去打工他也去打工，人家考大学他也考大学，什么专业热门他考什么，浑浑噩噩，过一天算一天，就是这种人。

功利境界与道德境界：人已经有了比较清醒的自我意识，有自己的人生规划与目标，并且围绕这个目标定下了步骤。功利境界的人是想为自己成就一番功名事业，道德境界的人是则是为他人和社会的幸福着想，并且为达到这个目标而努力。这两个境界已经高于自然境界，但还不是最高。

最高的境界是天地境界，在这个境界中，人也是日出而作，日落而息，饿了便吃，困了便睡。看起来似乎又回到了自然境界。但又有所不同。在这个境界中，人是自觉地与天地合为一体。所谓"担水砍柴，无非妙道"。冯友兰先生说，这就是孔子的"知天命"、"从心所欲而不逾矩"的阶段。它包括知天、事天、乐天、同天等几个不同的方面。

愚是人生的最高境界

人类社会一开始是自然境界。这个境界是"愚"的，人们只是日出而作，日入而息，劳动也无非就是为了满足自己的生理需要，够吃了就不再做了。人们饿了便吃，困了便睡，没有自觉的竞争意识。这是一种自然经济的状态，原始社会大概就是这样，可能现在在一些偏远的小山村里，还会有这样的生活。

从个人来说，每个人作为小孩子一开始来到这个世界上的时候，都是愚者。这个愚，不仅是说小孩子混沌未开，天真浪漫，没有知识，更是说他们以为一切都是真的，比如说他们相信世界上真的有一个圣诞老人会给他们送礼物；比如说大人吓唬小孩子："别再哭了，再哭，警察就来抓你了。"小孩子就会不敢再哭，因为他以为这是真的，他不懂得这只是大人为了吓唬他说的话。

小孩子只说真话，心里怎么想就怎么说，不懂得掩饰，所以有句话叫"童言无忌"。

小孩子的世界是一个愚的世界，也是一个诚实的、真实的世界。

但是愚的境界不会长久，人们不会在这个境界停留。因为小孩子们很快就发现，世界上很多东西其实都不是真的，世界上的东西有真的，也有假的，而且假的东西要远远多于真的；大人们跟他们说的很多话，许过的很多愿都是假的。说真话会让人讨厌，会让人不高兴。人不可以什么时候都说真话，也不可以把什么话都当作真话。他们开始学着说假话，以讨好大人和老师，他们开始勾心斗角，尔虞我诈，于是他们就长大了。

同时人们很快也就发现，社会资源是有限的，不能满足所有人的需要。要想满足自己的需要，就要竞争。就如汉代思想家王充所讲，"让始于有余，争起于不足。"对于人类社会来说，资源始终是不足的。所以，古代社会也好，现代社会也好，都是一个竞争的社会。只是竞争的方式和内容不同而已。原始社会、游牧民族更多地是竞力、竞勇；现代社会主要是竞智。每个人都希望自己有个高智商，是个智者。因为只有这样，才能在与他人的竞争中脱颖而出，占有更多的社会资源，以满足自己各方面的需要。

现在的小孩子都具备竞争意识了。四五岁的孩子们就知道，自己如果显得比较聪明，会得到父母更多的宠爱，爷爷奶奶、外公外婆会更多地满足自己的要求；在幼儿园和学校里，孩子们也知道，他们中间比较聪明的孩子，会更受老师的关照，有更多的机会参加各种学习和比赛。取得了好成绩，会有更多的机会进入更好的学校。中学生们当然更知道，只有考上名校、学习成绩好的大学生，才能有机会进入大公司、政府机关，获得高薪收入，也才会获得女孩子们的青睐。于是，他们就进入了第二个境界：智的境界。

然而智的境界并不是人生的最高境界。

因为一个人的智慧是有限的，光凭自己的聪明才智所能达成的目标也是有限的。一个人的聪明可以让你考上名牌大学，可以让你进入政府机关，可以让你在比赛中获得好成绩，获得高薪，但是也仅限于此。正如俗语所说：一个人就算是浑身是铁，又能打多少钉子？成功，不仅需要自己的智慧，更需要他人的帮助，更需要他人的智慧。一个好汉三个帮，一根篱笆三个桩。没有人帮助是成就不了大的事业的。这个大家都知道。

那么，什么样的人会有人来帮助，能够利用他人的智慧呢？就是愚者。因为只有愚者才会吸引智者。从自然倾向来说，从内心里说（也就是不考虑其他条件，比如报酬等等），智者只会去帮助一个看起来不如自己的愚者，而决不会去帮助一个看起来比自己更有智慧的智者。比如《三国》里面的智者陈宫，他就宁可帮吕布而不帮曹操。葛拉西安说，利用他人需要有超凡的技巧，其实不是的。技巧只能使人臣服于一时，臣服于表面，真正能让智者心甘情愿为其服务的，不能靠技巧，而首先必须是一个愚者。

一个人就算没有智慧，是个愚者，但只要有众多的智者来帮助他，只要他能利用他人的智慧，他就具有了超级的智慧库，任何一个智者都不是他的对手。

古人讲，福、禄、寿三者齐全，是人生最大的幸运。这里的"福"是指儿孙成群，多子多福，再加上儿女孝顺；"禄"，是指钱财丰厚；"寿"，当然是指身体健康长寿，这三者齐全是很难做到的，因为它们会互相冲突，一般人能做到其中的一条，已经算是很不错了。所以说三者齐全是人生最大的幸运。

人们都会想，做人怎样才能有这样的幸运呢？

只有利用他人智慧的愚者，才能做到这一点。单靠自己是不可能的。

我们知道，在市场经济社会里，每个人在社会上都要出卖自己所有的东西去换取个人生存所需要的资源和社会地位。社会根据一个人所出卖的东西的价值来给予相等的地位和资源。如果要单靠自己去做，累都累死，比如说一个人耗费自己的体力和智力拼命去挣钱，等他挣够多了，身体也垮了，起码他就不能做到"寿"了。还谈什么三者齐全呢？能够做到福禄寿三者齐全的人，应该是什么也不用出卖、什么也不用做的人。

那么这样的人他靠什么做到福禄寿三者呢？他是靠吸引其他人的力气和智慧为自己所用，靠其他人心甘情愿地为他服务来做到这一点的。这样的人就是领袖级的人物。

所以，成功的人最后必须达到一个新的"愚"的境界。这个愚不是从前那个愚昧、不开化，而是经过了智的境界的愚，是对第一个愚境界的否定之否定，这个愚，是能够驾驭智的那个愚。看起来这个愚者似乎什么也不会，什么也不做，其实是自有人替他想，替他做。这样的人看起来仿佛是回到了愚，其实是达到了更高的智慧。

今天的社会里，顶级的智者，可以成为两院院士；

次等的智者，可以成为科学家，高技术人才或者大学里的高级教授；

再次一点的智者，可以成为单位里的业务骨干，成为各行各业里的人才；

那么愚者呢？愚者是这些智者们的领导。

狗为什么能成为人类最好的朋友？

中国古人说，一个人的一生，有三项事业可以让他做到"不朽"：立德、立功、立言。其中又以"立德"为最高。而真正的"立德"者，其实就是个愚者。为什么，因为真正的道德是不讲功利的，不求回报的，不管他人怎么对待我，我只用道德来对待他。用孔子的话来说，讲道德只是为了自己"心安"，所以这在旁人看来就是愚。

到了"立德"这个阶段的愚，道德本身就是目标，他只是为了自己本身，这样的愚者，看起来似乎也是什么都不想，什么都不做，饿了便吃，困了便睡。但这个愚本身就是德，是天地之大德。就像老子说的："上德不德，是以有德。"这样的愚者，他随心所欲不违道，举手投足皆自然，与天地为一体，与万物为同一，冯友兰先生所说的那个天地境界，也就是这样的愚的境界。所以说，愚才是人生的最高境界。

而这个境界也就是狗的境界。

大家知道，狗有一个非常好的名称：人类最好的朋友。在所有的动物当中，只有狗享有这个名称。它靠的是什么？是狗对人类的用处大吗？非也。人类所畜养的其他动物，牛会耕田，鸡会下蛋，马会拉车……，它们对人类的用处要比狗大得多。狗没有这些能力，它的唯一用处就是看门，见了陌生人或者听到点动静就吠上一通。但是狗有一些不好的地方，比如它容易咬伤人，会带跳蚤，会携带狂犬病毒，等等。这些使得它对人类有一些不安全的因素。这些都是狗比不上其他动物的。

那么为什么狗还被冠以这个称号呢？为什么人还特别喜欢养狗呢？那就是因为狗的愚。这个愚表现为它对主人特别的忠诚。

俗话说："儿不嫌母丑，狗不嫌家贫。"其实儿子还是会嫌母的，母亲如果太丑了，儿女还是要嫌的。比如有的母亲去看读大学的儿子，儿子嫌母丑，竟然对他的同学说：这女人是他家里的保姆，这种事例是屡见不鲜的。

但狗就绝对不会。不管这狗的主人有多贫穷，狗都对主人绝对忠诚，绝不嫌弃。

这不是因为狗不知道它的主人穷，狗其实对主人的状况清楚得很。你到农村里去看看，那看见人就夹着尾巴躲到一边去的，贴着墙边走的狗，吠起来的声音可怜兮兮的，其主人的家境肯定不怎么好；那有钱有势人家的狗，走起路来昂首阔步，吠起来也是气势汹汹的。所以有句成语叫"狗仗人势"。

但是狗虽然知道，却绝不会计较。就算这个主人连饭都供不起它吃，它也会低着头寸步不离地跟着主人，关键时刻跟着主人一起战斗，为保护主人舍生忘死。这就是狗忠诚的地方。

我们今天都信奉一个原则：只有永远的利益，没有永远的朋友。当然更没有永远的主人。人是这样，其他动物也基本上是这样。比如说你如果不给一只猫饭吃，这个猫就会离开你；

只有狗是不讲利益的，对主人是一种"愚忠"。

但正因为此，它博得了"人类最好的朋友"的美名，从而也得到了最大的利益——狗根本就不用干活，它只须向主人摇摇尾巴，就能过上其他动物无法企及的美好生活。狗有人类为它专门准备的食粮，有专门的狗医院，狗医生，其他动物都没有；当马、牛、鸡等动物失去了它们为人类服务的能力以后，就会被送进屠宰场。但狗不会。人们把狗当作自己的家庭成员一般，甚至它死了以后还要给它举行隆重的葬礼。

　　所以说，狗的生存境界要远高于一般的人，它可以说达到了那个"为愚而愚"的境界。

　　人跟狗比起来，毫无疑问是更聪明些的。以往我们看不起狗。至少汉语当中提到狗的一些成语都不是什么好话。比如 "狼心狗肺"、"猪狗不如"、"狗嘴里吐不出象牙"等等。

　　其实，扪心自问，我们中间有几个人能达到狗的生存境界呢？

智者一时，愚者千古

智者与愚者，有一个当时和身后的区别。智者往往当时过得很好。春秋战国时期，各国都有一批智者，例如苏秦、张仪等人。他们为君主出谋划策，纵横捭阖，建功立业，同时也享受着君主们所给予的优厚待遇。

愚者就不一样了。孔子、孟子都是愚者。他们坚持自己的理想，固执地想要恢复传统的礼教，想要君主们为社稷和百姓舍弃自己的利益，"知其不可为而为之"。所以他们四处碰钉子。当时日子过得很苦。有人形容他们是"累累若丧家之狗"。

但是后来呢，现在呢？孔子、孟子与苏秦、张仪他们相比，哪个地位高、名气大？

如果孔子当时不是那么愚，聪明一点，也来它个"与时俱进"，不是固执地要挽回已经逝去的周朝礼仪制度，而是想出各种歪门邪道，帮着各国国君们谋取霸权，相信他会受到重用，当时的日子会好过得多。再也不会如丧家之犬了。他的一些弟子们就是这样做的。但是如果那样的话，孔子会有今天的名声和地位吗？

所以说，智者一时，愚者千古。

我们从历史上看，从古到今，凡是其名声能够流传至今，为后人所景仰者，基本上都是以其愚，而不是因为智。

比如屈原，之所以为后人所纪念，不是因为他的《离骚》的文采，而是因为他忠于楚国，自沉汨罗江的行为。如果单说文采，那么与他同时的宋玉并不输于他，但是在历史上就没有屈原的名气大。

比如文天祥。没有听说他打仗有什么本事。他之所以能够"留取丹心照汗青"，只是因为他的愚忠，也就是笨。

比如岳飞，他当然也是个聪明人。至少在军事方面。但在政治上他有点愚，一根筋吊牢，一心想的就是打败金国，把被俘的皇帝给接回来。他也不去想想，把那个被俘的皇帝接回来了，那么现在的皇帝到哪里去呢？

但真正使他成名的就是这个愚。按照我们现在的说法，他和文天祥都属于"愚忠"。

或者有人会举出著名的智者诸葛亮，然而真正让诸葛亮能流传至今的，首先也只是因为他的愚，也就是他对蜀汉的"愚忠"，鞠躬尽瘁，死而后已。

如果诸葛亮他中途背叛了蜀汉，比如说刘备死后，他推翻了刘阿斗，自立为王，建立了一个新王朝，那么罗贯中在《三国演义》里还会给他那么崇高的地位吗？还会那么赞颂诸葛亮的智慧吗？显然不会。恐怕那样的诸葛亮在罗贯中笔下就要变成一个跳梁小丑了。

若是论智，明朝朱元璋的军师刘基可说绝不亚于诸葛亮。朱元璋的天下，是全赖刘基的策划计谋给打下的。刘基帮助朱元璋从一个乞丐成为皇帝，建立了大明王朝，至少在事业上比诸葛亮要成功。而且刘基也是上知天文下知地理，对阴阳五行术数等都有非常深的造诣，现在还有他写的这方面的书流传下来，成为术数的经典。

但是刘基在历史上的名声和地位能跟诸葛亮比吗？

作为智者的诸葛亮，流传下来却只是一篇《出师表》，而这是一篇典型的愚者的作品。

"三顾频烦天下计，两朝开济老臣心。"杜甫这两句诗，很恰当地写出了诸葛亮之所以能名垂千古的原因所在。

甚至有的人，其他什么才干事迹等都没有，只是因为其愚，也得了个流传至今的美名。例如战国时期有个男生叫尾生，有一次跟一个女孩子说好，在一座桥下约会。这个尾生在桥下等人的时候，不巧涨起了大水。尾生为了信守诺言，抱着桥柱不离开，结果被淹死。此人做出这样的事，真的是愚得可以呀！

但后来的文学家、史学家们如司马迁、李白、汤显祖等把这件事载入了史册，写进了作品，大加赞颂。

"孝如曾参，廉如伯夷，信如尾生。"——司马迁

"长存抱柱信，岂上望夫台。"——李白

"尾生般抱柱正题桥，做倒地文星佳兆。"——汤显祖

若要好，大做小

智者是最没有容忍度的，因为学问磨灭了他们的耐心。所以，知识渊博的人很难被人取悦。

——葛拉西安

美国曾经有人做过这样的调查，他发现，被公司辞退的人当中，百分之八十不是因为业务能力不行，而是因为人际关系不行。美国既然是这样，中国想必更是如此。所以有一个好人缘，是人生成功的一个极重要的条件。

那么，是智者的人缘好还是愚者的人缘好？是愚者。

是智者讨人喜欢，还是愚者讨人喜欢？是愚者。

尽管有些人口头上说喜欢智者，喜欢与智者打交道，但是你不要相信他。实际上他心里还是喜欢愚者。

《西游记》里面有三个人，分别代表不同的类型的人：唐僧，代表读书人；孙悟空，代表聪明伶俐之人；猪八戒，代表愚者和懒人。现在问你，你最喜欢哪个人？

有过一个调查，人们最喜欢的人是猪八戒。而猪八戒的外号就叫"呆子"。

为什么人们喜欢愚者？因为人们都希望自己是个智者，都希望自己显得是个聪明人。那么，在什么人面前人们会感觉自己更像个聪明人呢？

在愚者面前。

中国人有一句处理人际关系的话，叫做"若要好，大做小。"这个"大做小"，传统指的是把自己摆在一个较低的位置上。比如说一个长官以普通士兵的姿态向战士请教。从我们要论述的主题看，大做小，也可以说就是把自己摆在一个愚者的位置向他人请教。这样就会"好"。

这也就是我们前面讲的《周易》里那个"泽山咸"卦——智者在上，愚者在下。

如果想要讨人喜欢，想要有好人缘，最好是做一个愚者。不要处处都显得比人家高明，相反地，要经常显得不如人家。

《红楼梦》里那个林黛玉，聪明绝顶，无论人才、诗才还是口才，都是大观园里超一流的，但日子过得很艰难，没什么朋友，反而敌人一大堆。按她自己的悲叹就是："一年三百六十天，风刀霜剑严相逼"。而那个善于"守拙"的薛宝钗，"不干己事不开口，一问摇头三不知"。日子就比她好过得多。

"憨大哥"、"傻大姐"总是最有人缘的。

人际关系大师卡内基在谈到怎样与他人建立良好关系时，说："永远使对方觉得重要！要知道，使自己变成重要人物，是每个人的愿望。"这话说得很对。那么，怎么才能做到这一点呢？

卡内基给出了许多方法，比如称赞对方身上的优点，对对方感兴趣的东西同样地感兴趣，说话客气，注意方式方法等等等等。这些方法当然很好，但是也有缺点，比如说太难记住，而且也很难运用。弄得不好，马屁拍到马蹄上，都是有可能的。

而且如果对方有足够聪明，又碰巧读过卡内基的书的话，你的这些小伎俩都会被他看穿。他会在心里暗暗发笑，你却弄巧成拙。

那么怎么办才好呢？我告诉你一个最简单的方法，而且人家永远也不会识破，那就是，你要把自己当作一个愚者，自认有点傻，甚至有点弱智。当然，这实际上仍然是态度。

强调一下，这里说的是"自认"，不是装。

这样，对方马上就会觉得自己是个重要人物了。因为他会感觉到自己是个聪明人。

金庸的小说《射雕英雄传》里的郭靖，是个愚者吧。他却有福气娶到聪明漂亮的黄蓉。

郭靖他凭什么做到这一点的呢？就是凭他的愚。他第一次见到黄蓉，那时黄蓉还是以一个又脏又臭的小叫化子的面目出现，面对一个素不相识的叫化子，他居然把自己价值千金的宝马和大衣送给她了。

就是这个愚，打动了黄蓉的芳心，最终她向郭靖托付了自己的终身。而那个绝顶聪明的欧阳克，想尽各种办法讨黄蓉的欢心，她却一点都不喜欢。

这真叫智者气得吐血。

中国著名的电影导演冯小刚，他的许多电影都是以智者与愚者作为主题。他电影中的主人公，往往是些自以为聪明，而且也确实有点小聪明的人。经常参与他的电影的演员葛优最擅长的就是这种角色。比如《不见不散》中的刘元。

不过，在《天下无贼》中，冯导却塑造了一个愚者——傻根。

但这傻根却是有福气。那么有本事的贼不光不偷他，反而豁出命去保护他的钱。最后，在那么多的贼当中，傻根的六万元钱居然一分不少。

哪个智者做得到啊？

人人都希望自己显得更有智慧。但是，每个人都努力使自己更有智慧的同时，他们已经失去了自己最基本的东西，那就是安全感。

人们追求智慧，本来就是想要获得安全感。只不过人类社会有这样一个特点：当少数人追求某种东西的时候，他们能获得他们所想要的利益，而当大家都去追求同样的东西的时候，他们最后得到的往往是他们本来想要获得的东西的反面。

以汽车为例。人们追求汽车，是想要获得速度。当少数人拥有汽车、大多数人在走路的的时候，这少数人能获得他们想要的速度——他们比那些走路的人快多了。但是，当人们发现了这一点，大家都去追求汽车，并且大多数人都拥有了汽车，而走路的只是少数人的时候，就会出现一个相反的现象：那些拥有汽车的人不但不会获得速度，反而会失去速度。这点，相信那些在早高峰或者晚高峰的时候堵在车子里的人会赞同我的说法。

市场经济里，当大多数农民都在种粮食，只有少数人在种水果的时候，这少数人会获得比种粮食的人更多的利润。但是如果大家都知道了种水果可以获得更多的利润，而放弃种粮食了，那么结果就会反过来——仍然坚持着种粮食的农民会获得比原来更高的收益，而那些改种水果的农民发现自己挣不到一分钱。

智慧也是一样。当智慧是一种稀缺的资源，当只有少数人拥有智慧的时候，这少数人会获得远远超过一般人的收益。但是，当大多数人都发现这一点，都去追求智慧并且有了智慧的时候，他们会发现，所谓智慧只是让他们白白地损耗资源和精力。因为有智慧，所以每个人都在算计他人，同时也在被他人算计。每个人都在千方百计算计他人的利益，同时努力保住自己的利益。这种情况下还能有什么安全感可言？

于是愚者就成功了。

愚者让人感觉"靠得住"

人活在世上，之所以能成功，只因为你满足了他人的需要。从你身上满足需要的人越多，你就越是成功。任何一个成功者都是这样。

人在世上的基本需要，首先是生理需要，其次是安全需要。而一个愚者，他（她）最大的贡献就是使人感觉"靠得住"，也就是说他们能满足人的安全需要。

你不要小看"靠得住"这三个字。这三个字是人类从古以来追求的目标，是差不多每一个人毕生追求的目标。

英国哲学家罗素曾经写过一本《西方哲学史》，在这本书里，他首先就提出了这样一个问题：人类为什么会去研究哲学？他说，人类研究哲学的动力就在于寻求一个"靠得住"的东西。因为人类面对变化莫测的大千世界，总感觉不安全，有一种漂浮感，像在大海上一样。人总是要脚踩到大地上才感觉踏实。于是就要千方百计寻找一个能靠得住的东西。所以哲学要去寻求世界的本原，因为人们认为，如果找到了这个万物产生与变化的本原，那么也就找到了一个靠得住的东西。这是人的一种根深蒂固的本能。

这点中国哲学也是一样。中国古代哲学是研究阴阳的。因为人们认为，阴阳是天地之本、万物之源。天地的变化都是阴阳的变化。所以，掌握阴阳的人被认为是最有智慧的。

后现代的哲学家罗蒂把这种思想归结为传统哲学的"本质主义"和"基础主义"。所谓基础主义，就是讲人类想要找到一个可靠的基础，并且通过这个基础来解释人类的科学技术和文化以及经济等等。所谓本质主义，就是讲人类以为只要找到了万事万物变幻莫测的现象背后的东西——本质，那个不变的本质，就算是找到了这个可靠的基础。

很自然地，人们在生活中也会寻找那种"靠得住"的人。一个人去找工作，他总希望找到一个靠得牢的工作，政府机关、大公司、大企业之所以受到应聘者的青睐，原因就在于此。一个女孩子找男朋友，也要找那种靠得牢的男朋友。对任何女孩子来说，这都是首要的条件。人品不好，靠不牢，其他条件再好也没有用。在生活中，谁也不会愿意跟一个朝三暮四的人打交道、做朋友。

聪明人靠不牢，因为聪明人往往善变。见风使舵、见异思迁，哪里有利益往哪里跑，什么地方有好处，他跑得最快，什么地方有危险，他跑得也最快。跟这样的人交朋友或者共事，人人都会非常小心，什么时候被他卖了也不知道。

而愚者就不一样了。愚者首先就是他比较忠诚，不会骗人，不善变，反应要比人家慢一些（否则还叫什么愚者？），思想要迟钝一些。跟这样的人来往，你不用担心他会跑得比你快，也不用担心他会背叛你。至少，在他背叛你的时候，你还能看出点苗头来吧，你还来得及采取点什么措施吧！哪像聪明人，他把你卖了，你说不定还帮他数钱呢！

美国心理学家马斯洛的"需要五层次理论"，相信凡是读过大学的人都知道。他把人的需要分为生理、安全、归属、尊重、自我实现五个层次。

人的一切活动都是为了满足自己的需要。只不过需要有高级低级之分，精神物质之分而已。从这点来说，人都是自私的。人的需要是有层次之分的。一般说来，人只有实现了低层次的需要才会去追求高层次的需要。

但很少有人会把这个理论运用到人际交往当中。

其实这个非常重要。人际交往就是要注意满足他人的需要。

　　愚者为什么受欢迎？因为他让人觉得安全，没威胁。也就是说他满足了他人最基本的"安全"的需要。现代社会是斗智不斗力的。最让人觉得不安全、对自己有威胁的就是智者，就是比自己强的人。反过来说，让人觉得安全的、没有威胁的，当然就是愚者啦！

　　而且，在一个愚者身旁，人们不仅会感觉安全，还会感觉自己特别聪明。这样也使一个人"自我实现"的需求得到了满足。

　　由于这两个原因，所以愚者总是比智者更受人欢迎。

　　我显得傻，就等于给了那位我有所求的人聪明与智慧，同时满足了他的两种需要，第一，他感到安全；第二，他的自我价值得到了实现。

　　我给了他所需要的，他自然会对我有所回报，也给我所需要的东西，以资鼓励。这是良性循环的。

　　曾经看到有个台湾的管理学教师也有过类似的话。他说：如果你与一个人初次相遇，你很想与对方建立一个好关系，该怎么办呢？许多人会采取恭维对方的办法。但这样做有弊病。一是你不了解对方，可能不小心拍马屁拍到了马蹄上；二是一味恭维，言不由衷，对方和旁人听了也恶心。一般成功人士多少有点自知之明。他会觉得自己并没有你恭维的那么好，觉得你故意在奉承。说不定还会由此对你产生警惕性。

　　这位管理学教师建议，你可以采取贬低自己的方法，比如说自己怎么怎么不行，如何如何地弱智。如此相形之下，对方自然会觉得自己是个智者，觉得自己比你强得多。这样同样可以达到恭维对方的目的。但人家的感觉上要好多了。

　　有些高高在上的有权势者，有些事业成功者，为了能使自己有好人缘。甚至要有意地在某些方面装出一副很笨的样子。有意识地出一点小丑，比如说自己不会料理生活啊，不会穿衣服啊等等。在这些事情上故意地请教他人，请他人帮助。故意地要让他底下的人，身边其他人有机会显得比他聪明。以此来维护自己与他人的友谊。

我以前在一个单位里，有个党委书记，在单位里绝对是大权在握，说一不二。但只要大家伙一起出了单位，去游玩或者吃个饭什么的，他就完全不动脑筋，连路也不认识，一副弱智的样子。人家说朝哪边走他就朝哪边走，错了就再走回来，从不批评。吃饭的时候，人家点什么菜他吃什么。

到什么地方游玩，少不了要看个什么对联、书法题词之类。人家在兴致勃勃地研究那几个字是什么字，那副对联什么意思，他也傻乎乎地看着，但他在这方面并无什么造诣，也就看不出什么东西。人家读出来了，认出来了，他就连声叫好："好！小赵很聪明！""好！小李很有知识嘛！"……

于是这些人便兴奋得脸都红了，说："哪里哪里，我还差得远……"

结果大家都很喜欢跟他一起出去玩。无形之中，这位书记在单位里的权威也更强了。

相反地，如果这位书记无论在什么事情上都要显得高人一筹，那么，大家虽然公开场合不敢说什么，私底下却会瞧不起他。如果他再在什么事情上出点错，那就更成为人们的笑柄了。

容许自己有些无伤大雅之过。一个不经心的疏忽，有时候反而能让人看出你的才干来。那些视完美为有罪的人，并不是因为错误，而是因为不能容忍完美。责难有如闪电一样，专挑那些最高的东西袭击。正因为这些原因，所以荷马也会偶尔失手出现败笔。你可以假装自己的才智或勇气有所欠缺，如此一来，那些心怀恶意的人就会心平气和，不再肆意毒害。

——葛拉西安

这个字念什么?

台湾作家刘墉，写了好几本关于人生智慧的书，其中他都提到一个例子：

一位大师去参观一个书法展，正兴致勃勃地念着书法展品上的内容时，突然发现一个字不认识。也不知是因为书法家写的异体字还是太草，总而言之不认识，卡住了，在那儿沉吟。

这时旁边一个人（有时刘墉说是学生，有时说是接待员）上前，说："您不认识吗？这个字是意思的意啊……"

大师大为恼火，一甩手说："我用得着你来教吗？"

当时弄得气氛很尴尬。

刘墉举这个例子，是批评这个学生或者接待员不懂得待人接物的技巧，要少说话，多尊重他人。

然而换一个角度来看，这个事情里的那位大师有没有责任呢？我看是有责任的。

是大师，为什么就一定要显得自己比其他的人都聪明，都有智慧呢？就愚一点不好吗？

自己念不出来，人家告诉我了，那就说一声："哦，原来是这个字，我还真没认出来，老眼昏花了啊哈哈！"不就行了？

或者还可以再加一句："不错嘛，这样的字你也认识，看来你大有进步，继续努力，前途无量啊！"

这样的话，学生（或者接待员）会很愉快，很感谢老师的鼓励。老师也不失自己的面子，反而显得很大度。

要是我，我就一定会这样做。

我在大学里当教授。经常要给学生点名。大家知道，学生的名字里免不了有一些怪僻的字，一些冷门字，我不认识。或者虽然也看到过这个字，懂得它的意思，但读不出来。

怎么办呢？有一种"聪明"的办法，大家都知道，就是把这些人的名字跳过去，等全部点完了以后，问大家："还有谁没有点到的？"这样，刚才没点到、被跳过去的学生自然会举手，然后问他："你叫什么名字？"他自然会回答："我叫……"，这样就很巧妙地掩盖了自己不会念的事实，避免了出丑。

还有些做得更好的，那就是提早到各个学院或者教务处去把学生名单拿来，有不认识的字先查字典。

可我就从来不这样做。拿到名单就点名。碰到念不出来的字，我就停下来，问学生："这个'赵'——后面的字是念什么？"

学生们就笑了。于是那个学生就会回答："老师，这个字念……"

有时候我还会念错。这时学生就会哄堂大笑。我也会若无其事地问："那么这个字的正确念法是什么？"学生替我纠正了，然后我就在这个字旁边注上同音字或者拼音。

这有什么？丢了教授的面子了吗？没有。

有不认识的字，念错的字，很正常啊！我不是中文系的教授。就算是中文系的，也没有规定说教授就一定要认识所有的汉字。就算这个字不是很冷僻而我不认识或者念错了，那也没什么啊，让学生知道教授也有不会的，也有不如他的，难道不可以吗？古人韩愈就说过，师不必贤于弟子，弟子不必不如师嘛！

教授让学生敬佩，不是靠无所不知，而是靠自己的专业学术水准和道德水平。其中就包括老老实实，不做假。

暴露一点小缺点，学生反而觉得你这个教授很自然，不做作，容易亲近你。

不要自以为聪明，玩点什么花样，现在的学生鬼精鬼灵的，什么东西没见过。玩个什么花样，万一让他们看穿了，那才真让他们看不起。——"不认识就不认识嘛，装什么'刚才没点到的同学有没有'，都老掉牙的花样了在这里玩！"

问一个问题，在人身上所有的品质中，一般人最看重的是什么？不是道德，当今这个年代，许多人不在乎自己有没有道德。作家王朔有句话："我是流氓我怕谁"，不是已经成为名言了吗？

能做流氓，说明你有本事。没本事的人连流氓也做不了。

每个人最看重的、最希望自己拥有的就是本事，就是智慧与聪明。一个人最不愿意的，就是在他人眼里成为一个没本事的人，一个傻瓜。

既然大家都不愿意做傻瓜，那么我去做好了。

前面说过，世上的成功人士永远是少数，要想成功，就要做常人不愿意做、不能做的事。如果说成功有什么规律，这大概也算一条。

或者按老子的说法："善利万物而不争，处众人之所恶，故几于道。"前面已经解释过这句话，这里不再重复。补充一句：做一个傻子就是"处众人之所恶"。

这就是我们要做一个愚者的原因。

当然这愚不是说绝对的傻。真正的傻瓜也会被人瞧不起的。我们当然也不会是那样的人。只是说，我们在适当的时候要显得有点傻。

你怎么忍心伤害他？

智者有人赞扬，愚者有人批评；智者让人提防，愚者让人信任；智者有人佩服，愚者有人关爱；智者有人敬畏，愚者有人亲近。

举个例子：如果一个智者受了伤害，人们会对他说："你这么聪明的人，怎么也会被人伤害呢？"——略带鄙夷；如果一个愚者被伤害了，人们会转头对那个伤害者说："他这样的人，你怎么也忍心去伤害呢？"——略带愤怒。

在智者与愚者发生争端的时候，人们一般都会同情愚者。

这就是愚者的好人缘。真叫智者气死。

不要以为愚者在人际交往方面有什么过人之处，没有。就是因为他笨。

人们天生就同情弱者。孟子讲，人生而有"恻隐之心"，就是同情心。同情什么人呢，同情弱者。葛拉西安也说："不幸的人常常赢得他人的同情。人们常常想以于事无补的善意来抚慰他人所遭受的命运的伤害。"

在大多数普通人的眼中，愚者就是弱者。智者是强者。

所以注重人际关系的儒家主张，如果一个人想要讨他人的喜欢，就要做一个愚者，如果做不到这一点，那么至少看起来不要太聪明。孔子讲：君子要"讷于言"，就是讲说话的时候不要太快，不要看起来显得太聪明。

有人会说，那孔子不是还说过"敏于行"吗？孔子虽然说讲话不要太快，但他不是主张做事情要快吗，这不也是一个智者的表现吗？

其实孔子也不主张做事情太快。因为孔子的学生主张做事情要"三思而后行"。后来孔子说，三次未免有点太多了，但两次是要的（"再，斯可矣"）这不也就是"愚于行"了吗？

人都有犯错误的时候。但智者与愚者对待错误的态度不同。

智者往往想尽办法为自己开脱，比如说把错误推给其他人呀，找出各种客观原因呀。

但愚者不会这样做。他只会老老实实地承认：是我没做好。是我错。

愚者会承担责任，智者会千方百计逃避责任。套用孔子的弟子子贡的话：愚者犯了错，如同发生日食和月食，大家都看得见，都知道；改过了，如同日食和月食结束，大家也都看得见，也都知道（子贡的原话是："君子之过也，如日月之食焉：过也，人皆见之；更也，人皆仰之。"）

你说人们会喜欢哪种人呢？

我年轻的时候有一个不好的习惯，就是喜欢去跟人家请教，一般是向年长些的或者是职位高的人请教，一开口就喜欢问一个很深奥的理论问题。一谈理论问题就跟人家争论，一争论就没完没了。年长了以后这个坏习惯也没有改过来。有时同事之间聊天，经常也只顺着自己的思路讲，把一个本来很大众化的话题变成一个很深奥的理论问题，而且只顾自己发表高见。结果到后来弄得人家就不说话了，只是嗯嗯地应付，有的干脆转过去跟其他人说话，到后来我发现只有自己一个人，聊天谈话也就不能继续下去了。

后来有人善意地向我提醒了这点，我自己也发现了这个问题，就仔细地想了想。这其实也是个智与愚的问题。

智者考虑问题和事情比一般人深一些、多一些，这是优点。但是优点也容易变成缺点。智者由于想得多，就往往找不到答案，就喜欢跟人家讨论，就像苏格拉底。但一般人不会一天到晚思考那些理论问题。就算是思考，每个人的角度也不一样。你的角度往往是人家没有想到的。人家的角度你也未必就想到。所以，就很难做到话语投机了。

另外，以自己的理论和想法去驳斥人家，把对方弄得像个傻瓜，很伤人面子。苏格拉底就是因为这样把命给弄丢了。

墨子说："夫辩者，将以明是非之分，审治乱之纪，明同异之处，察名实之理。"许多人对辩论看得很重。其实大可不必。大众聊天，在很多情况下无非是发泄情绪而已，并不是真的要弄清什么问题，论证什么观点，没有必要把每一次闲聊都变成"博鳌亚洲论坛"。

说到底，还是要尊重人家，要把自己当一个愚者，多听听人家怎样说，有什么看法。我发现自己这样做了以后，人家也就喜欢与我聊天了，而我也挺有收获。至少我可以知道大家对这些事情是什么看法。

而且，在很多情况下，我发现人家讲的其实很有道理。很值得我吸取。我并不像自己原先所以为的那样有深度、有智慧。

孔子曾有言，不要与不如自己的人交朋友（"无友不如己者"）。这个不如不仅包括道德上不如，而且包括聪明程度不如。比如，他的交友三原则其中一个是"友多闻"。就是说朋友应该博学多识，比自己知道得更多。这样的人自然是一个智者啦。

可是他自己是怎么做的呢？你看他身边有比他聪明的人吗？没有，净是一些不如他的人，——学生。他为什么只跟他的学生呆在一起呢？

有人可能会说，因为他身边找不到比他聪明的人。

那么，老子呢？孔子不是曾向他讨教过吗？为什么不跟老子呆在一起？

答案只有一个：孔子自己也是喜欢与比自己笨的人呆在一起。不然他那些思想跟谁说去？如果他跟老子呆在一起，他能说那些自己的思想吗？

恐怕他根本就不能开口，也不敢开口啦。

胖人与瘦人

问一个问题，是胖人讨人喜欢还是瘦人讨人喜欢？我的回答是，是胖人。

因为胖子看起来就有点笨。人们喜欢胖子是因为他们喜欢愚者。愚者都是胖子，最起码不是瘦子。瘦子是智者，智者都是瘦子。你能设想诸葛亮或者周瑜是个二百五十斤重，走路直喘气的胖子吗？

为什么智者瘦？因为智者脑子动得多，想得多，要抓住各种机会，思伤脾嘛。消化吸收不好。所以瘦；愚者想得少，认死理，所以胖。心宽体胖嘛！你看那些一躺下就开始打鼾的，基本上都是胖子；在床上翻来覆去睡不着的，则基本上是瘦子。

前面说过，愚者更讨人喜欢。所以胖子讨人喜欢。

其实动物也是这样。那些胖胖的动物比瘦的动物更讨人喜欢。大熊猫之所以成为世界人民的最爱，就是因为它胖，看起来就笨，憨态可掬。那个加菲猫之所以讨人喜欢，原因之一是它胖。狗熊也是一样，讨人喜欢，胖。

猪八戒之所以讨人喜欢，其原因之一是他胖，肚子大。相反地，那些活泼伶俐的瘦猴孙悟空，喜欢他的人就要少得多。

胖人之所以讨人喜欢，还因为一种心理上的原因。胖人一般行动比他人要迟缓些，看起来稳重，不会出事。这样就给人一种安全感。瘦子就给人一种不安全感，眼睛转来转去，谁知道他在打什么鬼主意。一天到晚蹦来蹦去的，谁知道他会出什么事。

前面说过，人的安全的需要是人最基本的需要之一。

胖子，也就是愚者，满足了人最基本的需要，你说他怎么会不讨人喜欢呢？

在权力斗争上，在人际关系上，瘦子跟胖子斗，瘦子永远不是胖子的对手。也就是说，智者永远斗不过愚者。

因为愚者有聪明人帮，智者无聪明人帮，智者是孤家寡人。如果说世上有什么规律的话，这也算一条规律。

愚者知道自己笨，所以他需要智者，他找智者，听智者的话；智者嘛，自己已经够聪明了，不需要其他智者；其余的愚者呢，他又看不上。——愚者能帮智者什么忙？所以就只剩下自己一个人了。

智者当然也不会去帮智者，他们更愿意去帮愚者，因为那样才显得自己聪明呀！

还有，我们都知道用人有一条很重要的原则："用人不疑，疑人不用。"但智者多疑，所以他们很难做到这一点。

愚者就不会这样。他们容易相信人。他们不懂得怎么去疑别人，总以为人家也跟自己一样愚。因此而使得智者愿意为他卖命。因为智者难得遇上一个相信自己的人。

《三国》人物里，曹操是个智者吧，身边就没有其他智者。虽然看着有一大堆谋士，其实都是些只会拍马屁的家伙。有个把聪明的如郭嘉，也留不长。至于徐庶、陈宫等智者，根本就拒绝与他合作。曹操在火烧赤壁，兵败华容道的时候，曾经号啕大哭，哭的就是自己身边没有一个真正的智者来提醒一下自己，结果中了人家的计。

而刘备、孙权，比曹操要笨得多，身边就都有一帮子谋臣为他们尽心尽力。连那个吕布也是这样。

。

吕布的谋士陈宫，是曹操的旧相识。吕布失败时，陈宫被擒。曹操很欣赏陈宫的才华，他问陈宫："你为什么不到我这里来呢？跟着吕布那个大笨蛋，你能成就什么事业呢？"陈宫回答说："吕布虽然笨，但是他不像你那么奸诈。我宁可为他而死，也不愿为你服务。"

诸葛亮是个智者，他身边也没有其他智者。有人说诸葛亮没有去发现人才。这可真冤枉了他。诸葛亮到后来，几乎无时无刻不在寻访聪明人来继承自己的事业。可就是没有。

我估计在诸葛亮身边不是没有人才，而是这些人才被他的智慧光芒所掩盖了。因为诸葛亮太过聪明，想得特别周到，什么事情都做得比人家好，自己也觉得比人家高明，慢慢地，他手下的人就不会动脑筋想办法，也不会做事情了——反正他能想到的，丞相都会想到，都会做好。于是也就没有人才了。

人才是需要逐步培养的，人才的成长是需要空间的。大树底下长不出大树，至多只能长一些小草。为什么，因为这棵大树已经夺走了小树苗成长所需要的水分和阳光，夺走了小树苗的空间。

智者很精明，这往往表现在利益的计算上，他们不是不懂得用人，只是舍不得让人得好处。他们把每一分利益都算计过了，最大的好处都留给自己或者是自己人。旁人最多也只得点小头。这就难以得到他人的拥护了。

聪明人心里都跟明镜似的，得不到什么好处，谁跟你呀？

蒋介石就是太聪明，算盘打得太精，只用那些忠于他的人，怀疑有异心的人，不管多么能干，一律不用，把权力看得很紧。借刀杀人，消灭异己。什么好处都让自己的四大家族得，或者是中央军嫡系得，所以他身边也没有什么人才，开始的时候有几个，后来也跟了共产党。宋美龄就伤心地叹息过："我们这里怎么就没有周恩来这样的人才呢？"跟着他的都是些饭桶，比如汤恩伯、胡宗南。

真正的人才在他身边，例如小诸葛白崇禧那样的，得不到重用。

毛泽东是个愚者，从不计较得失，自己一手创立的红军、流血拼命打下来的中央苏区，一声不吭就乖乖让给从上海来的其他中共领导人。最危险的地方自己去（比如解放战争期间转战陕北），所以他身边人才济济。不管文臣还是武将，皆是近代以来中国一流的聪明人。安有不胜之理？

不光政治军事领域是如此，科学界也是这样。

我们知道，科学研究是一项很个人化的事业，科学发现常常是由一个科学家做出的，但20世纪最伟大的科学发现之一量子力学的创立，却是由一群顶尖的科学家做出的。其中的领军人物，丹麦物理学家玻尔，他就自称是个笨蛋，前面说过，他认为自己比一般愚者还要笨。因为他笨到常常"在年轻人面前暴露自己的愚蠢。"

但正是由于这一点，使得当时许多心高气傲、目空一切的年轻科学家们愿意聚集在他的周围。

胖的一把手与瘦的二把手

领导人都是胖子。尤其是第一把手。比如宋江、刘备都比他们手下的人要胖。国家领袖人物尤其如此，很少有瘦子。瘦子当不了国家第一把手。充其量也只能当个第二把手，比如说当个总理或者军师什么的。瘦子如果当第一把手，就算当上了也当不长。

如果当第二把手的瘦子想要跟第一把手争权，那就一定会失败。比如林彪。

蒋介石是个瘦子，他在相对比较胖的孙中山领导下做，干得还不错。后来当了第一把手就干得不好。虽然勉强保住了位子，但是没过几年就被一个胖子赶到海岛上去了。

毛泽东是胖子。他在井冈山的时候很瘦，所以虽然能当领导人，但保不住位置。他真正成为中国共产党全党公认的领袖，并且战胜蒋介石，建立中华人民共和国，是在他变成胖子以后。他是在延安的时候胖起来的。

后来他越胖，地位就越是稳固。

这听起来也许有点荒唐，但却是事实。

文革当中的"四人帮"后来之所以失败，原因在于他们当中几乎没有人可以称得上是胖子。其主要人物都是瘦子。最起码他们没有其对手（比如华国锋、叶剑英）来得胖。

一个成功的组织，一定是由智者和愚者组成。或者说，一定都是由胖人和瘦人组成。一把手是胖子，二把手是瘦子。都是智者成不了事，都是愚者也不行。一般说来，愚者手下多智者；智者手下多愚者。

中国人讲阴阳相伴。智者是阴，愚者是阳；愚者刚，智者柔；

愚者仁义，智者智谋；愚者死板，智者灵活。

所以，一个组织，比如说一个公司会不会成功，你不要看其他的，只需看看这家公司的领导层里是不是胖瘦结合就行了。董事长胖、总经理瘦；或者书记胖、厂长瘦；或者正职胖、副职瘦。

所以《周易》讲："一阴一阳之谓道，继之者善也，成之者性也。"这真是至理名言。

痛苦是和人比出来的

一个人若是对某些东西无希求，决不会觉得有所缺失，没有那些东西，他照样快乐。另一人比他多一百倍的财物，只要有一件他要的东西没有得到，便会苦不堪言。

——叔本华

幸福就是快乐。那么怎么样才能快乐呢？相信大家都会回答：知足常乐。

而最知足的就是愚者。愚者不是说"知"足，而是由于他笨，他根本就不知道外面的世界是什么样的，根本就不知道，也不想去知道人家挣多少钱，过的是什么样的日子。就算是知道了他也不会跟人家去比。他每天只知道干活、吃饭、睡觉。

所以我们常常看到这样的报道：一个大山里的农民，男耕女织，过着宁静安详的日子，后来外面的大学生去贫困山区访问了，看见他们的生活，很是惊讶，说你们怎么能安于这样贫穷的生活呢？

幸福就是守着自己，痛苦是跟人家比出来的。

智者可能聚集起很多财富，或者可能很有地位，很有名望，但他可能没有幸福。

幸福是一种心态，它与财富、名誉、地位无关。一个什么也没有的人，可能觉得很幸福；一个什么都有的人，可能觉得很不幸福。

曾经有人做过调查，向50个百万富翁和50个乞丐提出一个同样的问题："你是否感觉幸福？"结果回答是出乎人们意料的：百万富翁与乞丐都有一半左右的人回答"幸福"，一半左右的人回答"不幸福"。

所以说幸福与否和财产无关。

但幸福与智慧有关。它们成反比。智慧多了，人就不幸福，就痛苦。没有智慧的人，是幸福的人。

你知道得越多越痛苦。

《圣经》里早就告诉我们，人类的痛苦就从智慧开始。亚当夏娃吃了树上的智慧之果，有了智慧，知道了羞耻，于是人类的痛苦就开始了——我们的祖先被从那个天堂的伊甸园里赶了出来，女人生孩子要辗转反侧，要痛苦；男人谋生活要汗流满面，一身尘土。

智者知道得多，所以他就痛苦。孔子说："智者不惑"，其实不对。智者最"惑"了。不信，你可以调查一下晚上失眠的人，患抑郁症的人，是智者多还是愚者多？是劳心者多还是劳力者多？我看肯定是前者。

因为人们知道的越多，他们所不知道的也就越多。这是古希腊哲学家芝诺说的。

他的学生问他："老师，你的知识那么渊博。却那么谦虚；我们有些人，没什么知识，却总是自以为了不起。这是什么原因呢？"芝诺笑了。他拿起粉笔，在黑板上画了两个圆，一个大，一个小。他说：大的圆圈代表他的知识，小的圆圈代表学生们的知识。圆圈里面是已知，圆圈外面是未知。

"我的知识多，这样接触到的未知也多，所以我谦虚；你们已知的少，这样接触到的未知也少。所以骄傲。"

今天的人类知道得比以前多多了。现在的初中生的物理和数学水平就相当于牛顿那个时代顶尖级的科学家的水平。现在的人不光知道人类的过去，还知道人类的未来。

但你对未来知道得越多越痛苦。

　　比如说许多人都知道：科学家们预言，地球的温度再这样升下去的话，几十年后地球的海平面将上升十几米，许多陆地将被水淹没。知道环境再这样污染下去，地球生态将面临崩溃。

　　知道了这个，还能快活得起来吗？就算知道自己活不到那个时候，但也会想，那么我的儿子呢，我的孙子呢？他们怎么办？

　　所以今天的人活得更不幸福，更痛苦。

　　当读了很多书，了解了很多知识以后，再看现实，就会想，现实不应该是这样的。人们不应该是这样的。为什么他们还会是这样呢？

　　当读了很多书，了解了很多历史之后，再看现实，就会想，有那么多的志士仁人为理想而奋斗，为中国人民的幸福而奋斗以至于献出了生命。为什么社会还是这个样子呢？

　　于是就痛苦了。

　　而一个愚者就不一样了。他对什么都接受。因为他以为，事情大约本来就是这样的，历来如此。人们从来都是这样过的。就像阿Q临被杀头时想的那样，人生在天地之间，大约有时也免不了要被杀头的。现实就是这样，你能有什么办法呢？

　　于是他就坦然了。

　　有烦恼的都是智者。愚者不会烦恼。

　　比如说面对同样的一个成功，不管是物质上的还是精神上的，智者不会满足，反而觉得太少，因为他自认为聪明，人家对他的期望也高。智者的野心要大得多。

　　愚者就不会这样。他会喜出望外。因为他自认为愚，本来就以为自己不配得到这样的成功。人家对他也没有什么期望，所以他会特别开心。

　　智者想得多，可供选择的多，就痛苦；愚者想得不多。他就认一条死理，就幸福。所以有心理疾病的人往往是智者。

天才与疯子之间只隔着一张纸。

麻子找个近视眼

现在是讲究心理健康的年代。世界卫生组织曾给健康下了个定义："健康乃是一种生理、心理和社会适应都臻完满的状态，而不仅仅是没有疾病和虚弱的状态。"其中就有心理健康的内容，大家都知道，只有心理健康了，身体才能健康。

与智者相比，愚者是更容易做到心理健康的。

自卑、抑郁、焦虑等常见的心理问题，它们都产生于自我的期望与现实的反差。相信自己是优秀的、认为自己是出色的，不愿意自己显得不如别人，这就是自尊心，但是，一方面自认为是智者，另一方面，自己在现实中的表现又往往达不到自我的要求，与这样的自我认知不一致，所以就自卑。所以没有自尊心也就不会有自卑感。

正是因为自尊心的作用，人才会对自己产生羞愧、不满、谴责等情绪。自尊心越强，则自卑感越是明显。焦虑也是一样。一个人在面临重大的比赛或者考试一类事情的时候，之所以会产生焦虑感，就是因为害怕失败。而害怕失败的心理根源在于潜意识里就认为自己不应该失败。之所以认为自己不应该失败，就是认为自己是个智者、聪明人。

蒙牛乳业的牛根生有一句经典语录："一个人快乐不是他拥有得多，而是他计较得少。"此言甚是。那么什么人会计较得少？那就是愚者。

为什么愚者计较得少？那就是因为他是个愚者，凡是愚者，第一他不懂得计较，第二他本来就没有什么期望。

愚者对自己的估值低，期望值也就低。如果有什么事情没做好，遭受了挫折，他会想："这是理所当然的。我是愚者嘛，本来就比不上人家，做不好是正常的。"抱着这样的心态，他面临重大比赛或考试不紧张、不焦虑，心情放松，发挥正常，反而能取得令人喜出望外的成绩。这种情况我们在重大比赛中是经常看到的，卫冕冠军的心理压力要远远超出一般选手，不大容易正常发挥。而一些不出名的小将往往能取得出人意料的好成绩。

"好心态才有好状态。"所以我们就很容易理解，愚者的心理状态会比较好。而且他们更容易取得胜利。

智者不一样。智者对自己的期望值高。如果事情做错了，他会想："我这么聪明的人，怎么也会犯这种低级错误呢？我犯了这种错误，人家肯定会认为我是个愚蠢的、没有用的家伙。"当面临重大比赛或是考试时，他就会焦虑："我千万不能失败，失败了人家就会瞧不起我。"心理压力巨大，于是临场发挥也就有了问题，一遇到挫折，就郁郁寡欢。心理疾病就找上门来了。

美国心理学家艾里斯的"合理情绪疗法"就是针对这种情况的。

"合理情绪疗法"是美国临床心理学家艾尔伯特·艾里斯在20世纪50年代提出的人格理论及心理治疗方法。这种理论及治疗方法强调认知、情绪、行为三者有明显的交互作用及因果关系，特别强调认知在其中的作用。

艾里斯有一句名言："人不是为事情困扰着，而是被对这件事的看法困扰着。"

艾里斯认为，人生来同时具有理性与非理性的特质，既有理性思考的能力，也有非理性的倾向。有理性的合理思维，也有无理性的不合理思维。当人们按照理性去思维、去行动时，就会产生积极的情绪，他们就会是愉快的、富有竞争精神以及行有成效的人；当人们受困于非理性、不合理的思维时，则会带来消极负面的情绪。情绪是伴随着人们的思维而产生的，情绪上或心理上的困扰是由于不合理的、不合逻辑的思维所造成的。任何人都不可避免地具有或多或少的不合理的思维与信念。

下面举出一些智者们常见的不合理的信念并进行批驳：

我应该是完美的，可是我刚刚犯了一个可怕的错误，这就证明我是不完美的，因此是无价值的。——但实际上，没有人是不犯错误的。

一个人必须能力十足，在各方面或者至少在某一方面有才能、有成就，这样人生才是有意义、有价值的。如果一生一事无成，这样的人生是没有意义的。——但实际上，有许多人并无才干可言，能在某个方面有才干的人是很少的，但这不等于说没有才能的人就不值得活着。

遇到事不如意是糟糕可怕的灾难。一个有理性的人应该寻求改善之法；即使无力改变，也要善于从困境中学习。——但实际上，每个人都会遇到不如意的事，而且有许多事情，根本就不是我们人力可能控制和避免的。

人生遇到的每一个问题都应该有一个正确而完美的的解决办法，如果找不到这种完美的解决办法，那是莫大的不幸。——但实际上，世界上有些事物根本就没有答案，凡事都要追求完美的解决是不可能的。追求完美只能使自己徒然烦恼。

智者们往往对自己有一种绝对化的要求。

绝对化要求是以自己的意愿为出发点，认为某一事物必定会发生或不会发生。这种信念通常与"必须如何"、"应该如何"这类字眼联系在一起。比如"我必须获得成功"，"别人必须很好地对待我"等等。怀有如此绝对化信念的人极易陷入情绪困扰，当某些事物的发生与他的绝对化要求相悖时，他们就会受不了，他们会强行要求与索取，当达不到自己的要求时，便容易陷入情绪困扰。

持这种信念的人往往"以偏概全"。当生活中出现挫折、失败或是没有达到自己预期的结果时，往往会认为自己"一无是处""一钱不值"，是"废物"等。但实际上又不能真正把自己放下来，自卑、自责自弃，最后就变成焦虑和抑郁的心理疾病。

艾里斯认为，人们如果能够放弃这些不合理的信念，心理就健康了。

人的痛苦，往往在于对什么事情都看得太清楚，记得太清楚。一般地说来，人们对那些自己犯过的错误与过失，他人对自己的不公平的做法与待遇，记得特别清楚。

智者尤其如此。他们经常会一边回忆一边懊悔："唉，我当初不那样就好了，我当初如果这样做就好了……"他们每一块钱的赢亏都算得很清楚。常言道，水至清则无鱼，人至察则无徒。我还要加一句：人至精则无福，无幸福可言。也就是说他会一辈子痛苦。而这种"至精"的人都是智者。

因为痛苦者之所以痛苦，前提是他们把自己当作智者，觉得自己不应该犯那样的错误。而愚者就不会这样。他会觉得：我本来就很愚蠢嘛，犯一点错有什么稀奇的？

　　凡事糊涂一点吧，你将会活得更幸福。这不是什么阿Q的精神胜利法，而是因为世上很多事情本来如此。再细腻的皮肤，在放大镜下也会显得是坑坑洼洼，如果用显微镜去看你吃的饭菜，相信你会全然失去胃口。既然如此，为什么你一定要用放大镜或者显微镜看你的人生或者这个世界呢？

　　作家老舍写过一本小说叫《离婚》，里面其他的内容我都忘了，只记得有一个人叫张大哥，他喜欢替人介绍对象，而且成功率很高。他介绍对象的一个原则是：如果一个人是麻子，他就给介绍一个近视眼。为什么呢？他说，麻子不会嫌弃对方近视，而近视的人又看不清麻子。

请你配合一下，把衣服脱了

《红楼梦》里贾宝玉有句话："万两黄金容易得，世间知己最难求。"《增广贤文》里说："相交满天下，知己有几人？"可见真正的朋友的可贵。

那么什么样的人才能成为真正的朋友呢？应该就是双方能够坦诚相见，相互说真话。孔子讲，交友的第一条原则就是"友直"。能够敞开说心里话的朋友，孔子称之为"益友"；而那种善于掩饰自己，巧言令色的人，孔子称之为"损友"。所以虚伪的人肯定不会有真正的朋友。

相信诸位一定看过卡耐基的《人性的弱点》，他里面教人怎么说话，但他教的都是一些虚伪的做法，所谓见人说人话，见鬼说鬼话。应该说，这种方法不是没有效果，它能够使人在初步的、有限的接触时间里对你产生好感，但也仅此而已。时间长了以后，对方慢慢就会发现，你是在运用一种技巧跟他（她）交往，你是在取悦于他（她）。

只要对方这样想，你们就不可能成为真正的好朋友了。

与一般人交往，适当运用一些技巧也是需要的，尤其是接触不多的话。但是假如你希望对方成为你的长久的朋友，你就不要在他（她）面前运用什么交友的技巧。干脆愚一点，什么事都说真话。

有人会说，这样做如果得罪了对方怎么办呢？如果得罪了，说明你们两个根本就不是同一路人，运用技巧也是做不成朋友的，就只能做一般的熟人了。

与一般人来往，可以做个智者；与朋友来往，要做个愚者。一个智者可能会有很多熟悉的人，有很多可以打电话的人，一起喝酒的人。但很难有真正的好朋友；愚者不一定会有很多熟悉的人，也可能会得罪一些人，但是他们会有真正的朋友，可以掏心窝子说话的朋友。

其实在很多时候，人与人之间来往没有必要运用那么多的技巧，想尽办法进行掩饰。前面说过，这个社会上是智者多愚者少。你一登门，一开口，人家大致也就猜到你想达到什么目的，有什么要求。对于那些久经沙场的老家伙们来说，他们甚至大概能预见到你会用什么方法，他们只不过是静静地看着你表演而已。

所以，不如干脆直接说明目的，这种奇袭式的方法，有时反而能收到出人意料的结果。

曾经看过一本日本人写的书，里面讲到，有个摄影记者，以善于拍到女明星们的照片、尤其是裸露的照片而闻名。其他记者很羡慕他，问他用了什么方法。他回答说："没什么方法，就是直截了当地对她说：今天我要拍你的照片，请你配合一下，把衣服脱了。就这么直接地说。"

香港著名媒体人查小欣，她早年在杂志社做采访，后来做广告，从不逢迎客户，甚至有时还会责骂客户，但客户反而渐渐地开始欣赏她的真性情，她很快就把销售做到了第一名。现在她已经号称"香港第一狗仔"，但即使成功了以后她也还是保持这样的本色。绝不逢迎，绝不虚伪，坚持自己的原则。虽然她也曾因此得罪了一些明星，但这种做法让她赢得了更多的友谊。

有的人喜欢替人家出主意，解决问题。唐朝的韩愈说过：人之患，在好为人师。智者就喜欢为人师。因为他们自以为比人家聪

明，于是就替人家出主意，想办法，以显示自己的聪明才智。于是
人们也往往愿意向他们请教，反正也不用花钱。

结果怎么样呢？结果是人家的问题变成了自己的问题，人家的事
情变成了自己的义务，人家的失败变成了自己的责任。你替人家出主
意，事情做好了，人家最多说一声谢谢；做坏了、失败了，全是你的
过错。人家会说都是你的主意，都是因为听了你的话才弄成这样。好
处没有，坏处全是你的。你费了心，劳了力，还落得个不是。

这都是自以为聪明带来的坏处。所以葛拉西安告诫我们："莫管
闲事，就不会受到羞辱。想要获得他人的尊重，首先要懂得自重。到
需要你，欢迎你的地方去，才能受到善待。千万不要不请自到，不招
而至。自动效命者，事败则自取其辱，事成也无人感激。管人闲事，
容易沦为嘲笑的对象。管了不该管的事，大多狼狈而归。"

愚者就不会这样做。人家向他请教问题，讨主意，他会想：我
这么笨的人，连自己的事情都解决不好，如何能给人家出什么好主
意呢？所以遇到这种事情他只会退避三舍。这样，人家虽然不会感
谢他，但他至少避免了被人埋怨。

《红楼梦》里讲："是非只为多开口，烦恼皆因强出头。"一
个人之所以会多开口，会强出头，只因觉得自己是个智者，是个强
者。如果自认为是愚者，哪里会这样做呢？

现实主义的智者与理想主义的愚者

智者是现实主义者，愚者是理想主义者。

美国总统尼克松访问中国，毛泽东会见了他。尼克松后来回忆他与毛泽东的交谈时说："毛泽东是理想主义者，而我是现实主义者。"我认为这个话真是一针见血。

毛泽东是理想主义者。现实主义者是把现实当作理想。他们只求适应现实。理想主义者是把理想当作现实，他们总是想要根据理想去改造现实。

理想不是现实。理想是现实中没有的东西。

所以有人如果讲："我的理想是成为百万富翁"。这个人不能叫理想主义者。因为现实中百万富翁多得很。

如果一个人讲："我的理想是做事情要做到十全十美。"那么这个人可以叫作理想主义者了。因为现实中没有事情是十全十美的。

所以理想主义者实际上应该称其为幻想主义者。

尼克松说自己是现实主义者。其实美国人并不完全是这样的。美国人也是理想主义者。他们希望全世界都采纳他们的民主自由的制度，任何敢于与他们的理念作对的国家制度，都在他们不能容忍之列。这一点，恐怕其他国家都比不上。

但同时美国人也是很现实的。所有的理想主义，都要服从他们美国的利益。都不能损害他们美国的利益。这就是为什么他们在试图推翻那些与他们不同的"专制国家"的同时，又在扶持另外一些专制国家。

理想主义的愚者，成功因其理想，因其笨。但失败也因其理想，因其笨。历史上的人物，大多是个理想主义者。

刘备是愚者，是理想主义者。他的理想是一"义"字。成也因其"义"，——关、张、赵等人皆是因佩服其"义"而跟随他；败也因其"义"，——为了要替兄弟报仇，不听诸葛亮的劝，起兵伐吴，最后兵败，死于白帝城。

宋江是愚者，也是理想主义者，他的理想是一"忠"字。因其成——忠于朋友兄弟；也因其败——忠于朝廷皇帝。

毛泽东的理想是一"公"字。成也因其——革命理想高于天。他率领红军走出了二万五千里长征，从瑞金走到北京天安门；败也因其——发动文革失败。

聪明人知道，很多事情是说说容易做做难。有很多事情可以做，但不能说；也有很多事情可以说，但不能去做。就算做了也有个限度，必须适可而止。愚者就不知道这个，不说就不做，说了就去做。而且是认真地做，拼命地去做。中国人嘲笑愚者，常常形容他说："给一个棒槌，他就认针（真）了。"结果就倒霉了。

鲁迅先生曾经写了个故事，题目是"聪明人和傻子和奴才"。就是讲的这种人：

一天，一个聪明人遇到一个奴才。奴才向聪明人诉苦。说自己生活条件如何地差，吃的是猪食，住的是狗窝。还要受主人的压迫剥削和虐待。说到动情处，涕泪交加。聪明人也陪着掉眼泪，对奴才说："我想，以后你总会好起来的……"

后来，奴才遇到了一个傻子，也就是愚者了。这个傻子听到奴才跟他的诉苦之后，大为恼怒，开始动手砸奴才所住的小屋。

奴才大惊，问你要干什么？他说："我给你这个小屋开一个窗，好通风透光。"

奴才吓坏了，叫喊起来："有强盗要砸屋子了！快来人呀！"结果来了一帮奴才，将这个傻子打了一顿，赶走了。

主人最后踱出来了，看到这种情况，主人表扬这个奴才："你做得对。"

奴才很高兴，对聪明人说："主人表扬我了。你说我将来会好起来，看来事情的确是这样。"

聪明人也代他高兴，说："是的是的，看来的确是这样……"

只有那个傻子被打得头破血流，犹自在那里发愣，不明白事情怎么会这样。

愚者鲁迅

其实鲁迅先生自己，何尝不也是这样一个愚者，这样一个傻子。

他原先学医。那是因为他父亲死于庸医之手，他希望学医以拯救人们的生命。但后来他发现，整个旧中国就像一个铁屋子，没有门窗。里面的人很快就要被闷死了，他们却正在昏睡。

对这样的人民，就算是身体再好，又有什么用？终归还是要被闷死的。关键还是要唤醒他们。

虽然这个铁屋子非常坚固，看起来万难打破，但是他还是要喊。尽自己微薄的力量喊。他认为，大家都醒过来了，说不定能打破这个铁屋子。所以他的第一篇小说集就叫《呐喊》。

从这点来讲，鲁迅其实也是个"愚公"。

但到后来鲁迅先生发现自己其实也是在做一件傻事，他叫醒了人们，只不过使他们死得更痛苦些而已。他不过是在帮着"吃人的筵席"做鲜活的"醉虾"。

鲁迅先生其实是不喜欢中国人太聪明的。他希望中国人最好笨一点。鲁迅先生常常检讨自己太过聪明的事情。比如《一件小事》中他就赞颂了一个愚者，检讨了自己一点小聪明。

这"一件小事"是这样的：

鲁迅坐在一辆黄包车上，黄包车的车夫在拉着他跑的时候，撞倒了一个老妇人。鲁迅马上看出这个老妇人其实没受什么伤，但老妇人却躺在地上呻吟，说自己被撞坏了。而这个车夫也就居然相信了。把她搀起来，带着她去到最近的警察署，来承担撞倒她的责任。

鲁迅看到这里，觉得这位车夫形象变得越来越高大，而自己变得越来越小。

这篇文章曾被选入小学课本。相信一般人都读过。

从喜欢笨，希望人们变得更笨些这点上来说，鲁迅很像毛泽东。他们都认为这个世界"不应该"是这样的。"应该"是另外的样子的。他们都是理想主义者。要把理想变成现实。他们都像那个想要把山移走的愚公。试图做看起来不可能的事。他们知道自己很笨，但他们愿意做那个愚者。

所以毛泽东讲，他与鲁迅的心是相通的。

与鲁迅先生同时代的林语堂先生也是同样的看法。

林语堂写过一本书《中国人》（又名《吾国吾民》）。他讲到中国人的性格特点之一是"超脱老猾"，也就是太过聪明。表现为一种"聪明的幽默"。他希望中国人认真一点，正经地对待每一件事情："我希望我们的人民有时也应该严肃一点。幽默正在毁掉中国，它的破坏作用是无以复加的。人们那种响亮的笑声未免有点过份。因为那乃是超脱老滑者的笑。任何热情与理想之花，一旦碰到这种笑声，都会凋谢枯死。"

什么叫"聪明的幽默"呢？林语堂举了例子。

比如说，有个人，看见道路上有一块牌，上面写着"禁止通行"，便不往前走了；看见草地上有块牌子写着："请勿践踏草地"，便不敢进去坐了。这样的人便会遭人嘲笑。这个嘲笑便叫做"聪明的幽默"。——你怎么能把这些东西当真呢？

"禁止通行"或许是前几天竖在这里的，那时这里正在修路。修好了以后工人走了，却忘了把这块牌子撤掉。至于"请勿践踏草地"，哈哈，中国凡是有草地的地方都有这样的标志。

聪明的中国人都不会这样做。不会认真地对待这种提示。

智者就是能看出这些文字后面的东西，知道它们都是假的。但愚者就会当真。

做事过分的愚者和中庸的智者

智者讲中庸，他知道凡事不可过份，话不可说死，事不可做绝。这就是现实主义；愚者不讲中庸。做事情一定要做到极端，追求十全十美。话说死，事做绝，这就是理想主义。

理想主义者，从最后的结果来说，他们都是失败的。不管他们前面曾经有过多少成功，最后总免不了失败。因为他们追求的是世界上本没有的东西。

但理想主义者也是成功的，因为在他们离开这个世界，最终失败的时候，他们已经或多或少地把这个世界向前推进了一步。这个世界离他们的理想是更近了而不是更远了。

世界上有两种主要的价值观念。一个叫社会主义，一个叫资本主义。社会主义是理想主义，他们追求的就是人类历史上从来没有过的，既有极大的物资丰富，又有人人平等自由的大同社会。

而资本主义却是现实的。他们认为，你社会主义所梦想的社会制度是根本不可能的。财富与平等，鱼与熊掌不可兼得。有个资本主义的代言人叫哈耶克的就说，社会主义者都是些狂想者，以为可以靠他们少数几个聪明的大脑去设计一个社会，并且用计划经济的方式去掌管它，就可以使人类走向和平进步。

现在，许多人似乎已经接受了资本主义的观点。1990年以后，许多人相信，私有制和市场经济终将统治世界；而社会主义，即公有制和计划经济的设想，已经失败了。

但社会主义也是成功的，如果没有马克思、列宁的社会主义的理论与实践，资本主义一定不会是今天这个样子，不会取得今天这样的进步。比如说，西欧北欧一些国家的"民主社会主义"，即

"第三条道路"，就是从马克思的思想来的。

所以我在前面讲，愚者最后是成功者。即使这个成功并不如他们当初所设想的那么完美。

人之所以区别于动物，在于人有理想。动物只求适应现实，而人却要改造现实。

人根据什么去改造现实呢，当然是根据理想。劳动创造人。劳动就是一种主观（理想）见之于客观的活动。

因此从人进化的角度来讲的话，理想主义的愚者是处于人的进化的更高程度的。人类因有了愚者而会进步。

>> 男 女 篇

　　这个世界上是男人聪明还是女人聪明？一般说来是男人聪明。也就是说男人的智商要比女人高些。所以说"智男"与"愚女"。

　　有人会说我这是宣扬男尊女卑。其实不是。

　　这个说法是有生理上的根据的。测智商测的是逻辑思维能力。主管逻辑思维的是左大脑。男人的左大脑天生比女性要发达些。所以男人的理性思维能力要强于女人。所以他们的智商会高一些。比如女人学个什么数学、哲学、逻辑之类的，就永远比不过男人——你可曾听到过几个女数学家或者是女哲学家？

　　不过在主管形象和形体的右大脑上，女性要强于男性。所以女孩子学音乐、舞蹈、语言方面要强于男孩子。关于这点，只要看看外语学院男女生的比例就知道了。

"常有理"的男人和 "不讲理"的女人

男人是"常有理"。女人是"不讲理"。

所以女人不要跟男人讲理，因为你的逻辑思维能力不如他，你肯定讲不过他的。越讲他越是有理。

所以男人也不要跟女人讲理。你讲不过她的。为什么，因为她不讲理。

孔夫子曾经很感慨地说，唯女子与小人为难养也。我看他这句话主要指的是女人。

因为"小人"（孔子心中的小人指的是劳动者）没有什么资格与机会跟"君子"接触亲近。因为君子"远疱厨"，又"动口不动手"，不事稼穑，"四体不勤，五谷不分"。真正能接近君子的也只有女人。

女人为什么难养呢？孔子说，你跟她亲近了，她就跟你死皮赖脸；你不理她了，她就痛哭流涕埋怨你。其实说来说去就是一句话：女人不讲理。

我估计这是他老人家的切身体会，不然他怎么知道？他学生里没有女孩子，那就一定是他老婆。孔子的老婆一定是个很赖皮、完全不讲道理的女人。

他老人家是教书的，是讲道理的。碰上他老婆，根本不跟他讲道理，你说他郁闷不郁闷？

说到女人不讲理，这里有这么个故事：

一个男孩和一个女孩认识了，成了朋友，相约外出游玩。天黑了去一个旅店里投宿。因为旅游旺季，床位紧张，只有一个房间，一张床。男孩女孩只能两个人共一张床。于是女孩子就在床中间划了一条线，说这条线是我们互相之间的界限，谁要是越过了这条线，就是禽兽。

这可把男孩子吓坏了，乖乖地躺着一动不敢动。

第二天女孩子醒来一看，男孩子真的没有越过界限，她气得大骂："你……是禽兽不如！"

你看这就叫不讲理了吧！这让男孩子都没法做人了，要么是"禽兽"，要么是"禽兽不如"，反正只有这两个选择。

不光是中国女人不讲理，西方女人也这样。

古希腊圣哲苏格拉底，长于辩论，每个跟他辩论的人都被他驳得哑口无言。但他奈何不得他老婆。每次挨了他老婆的责骂，他都只有从家里逃出。有一次他逃得不够快，他老婆恶狠狠地从门后将一盆水浇到他身上，把他淋得精湿。他只好自我解嘲地说："我早就知道，雷声响过之后，是一定会下雨的。"

"苏格拉底的老婆"现在已经成了西方的一个成语，相当于中国的"河东狮吼"，意思是"很凶的女人"。

我想他当然也曾试图跟老婆讲理，只是他老婆却不吃这一套。

孔夫子不知有没有从家里逃出过。从他对女人颇多怨言这点来看，就算他没有像苏格拉底那样从家里逃出，也好不了多少。

智男推动历史车轮前进

人类社会是靠什么人在进步？男人还是女人？我认为主要靠男人。

我们都知道，人类社会是私有制以来进步最大。原始社会百万年，私有制才几千年，但人类社会主要就是在这几千年才有进步。

为什么？不是说私有制符合人的自私本性，激发了人的积极性，而是因为私有制是父权制，也就是以男性为中心的社会制度。私有制是与父权制社会一起产生的，母系社会，也就是女人统治的社会，是公有制的。几万年下来没什么进步，后来男性取得了统治地位，来了个私有制，一下子就进步了。

人类社会的进步，主要就是生产力的进步。而男性统治，这就是生产力进步的最大动因。

为什么男人统治，生产力才会进步？因为男人与女人不同。一个是男人讲逻辑性。女人不讲逻辑。这个前面说过，只有逻辑的东西才会进步。科学技术就是讲逻辑的；二是男人好斗。女人不好斗。

女性是和平主义者。男性才是战争主义者。女性讲和平，讨厌战争和打打杀杀。这与她们体力较弱，又担负着生育下一代的任务有关；男人比较好斗。这可能跟动物性有关系。雄性动物一般也是比较好斗的。

从基因的角度来讲，女人她们要保护她们的孩子，也就是她们的基因。所以天生就是和平主义者；男人不一样。男人要尽可能的扩散传播自己的基因。那就要争夺更多的异性。

所以战争都是男人发动的。而战争就是人类社会进步的动因。

恩格斯曾经引用黑格尔的话说：有人以为，当他说出了善是人类社会进步动力的时候，是说出了一个伟大的真理。其实，当他说恶是人类社会进步的动力的时候，是说出了一个更加伟大的真理。这是说得很对的。

战争是恶，它也是由恶导致的。人类社会进步，战争是一个主要的因素。

人们应用逻辑使科学技术进步，进而推动生产力发展，但应用逻辑要有个推动力。尼采等人早就指出了这一点：理性的背后是非理性。这个非理性就是战争——人的生存和征服的需要。因为只有这种需要才能把人的潜能发挥到极致。所以只有战争才是人类发展的动力。

马克思说过，生产力是社会发展的动力。这话诚然不错，但生产力不会自动地发展，它背后还有个推动力，这个推动力不是人的食宿方面的生理需要。因为这方面的生理需要是比较容易满足的。一日三餐，夜眠八尺。真正推动生产力发展的是这些需要以外的需要，它才是生产力发展的真正动力。

科学技术是第一生产力。而最先进的技术，最好的工具，一开始无不来自于战争，应用于战争。比如你看看20世纪的先进技术：电脑、激光、原子能，都是在军事领域里发明的。人类的科学技术，一般地来说都有一个"军转民"的过程。很少有反过来的"民转军"的。尤其当代是如此。

在浙江博物馆里有一把剑，叫越王剑。它锋利无比，即使经过了几千年，今天依然寒气逼人，可以吹毛得断。它代表了中国古代冶金术的最高水平。这个剑就是打仗用的。不是切菜用的。

切菜哪用得着那么锋利？菜刀钝了，一刀若是切不下来，再切一下，或者再磨一磨就是了嘛，又不急。但是在战场上拼杀，你说还容得你做这些事情吗？你的剑钝了或者断了，人家的剑没钝没断，那可是掉脑袋的事情。

所以兵器就要求极高的冶金水平。不仅剑是这样，战争中用的其他东西都是这样。

所以会有人下大本钱去冶炼最锋利的剑，也会有人以大价钱去买它。但决不会有人花大价钱去买最锋利的切菜刀。

这就是为什么说战争能推动科学技术的发展，生死存亡的关头，能把人的最后一点潜力都逼出来，发挥出来。

人类自从有了战争，进步就快了。仗打得越大进步越快。资本主义时期是战争打得最大的，有过两次世界大战，所以资本主义时期人类生产力和科学技术进步也是最快的。二战结束以后，一直处在"冷战"阶段，距离真正的战争只有一步。新的世界大战好像随时都会打起来，所以进步也很快。

另外，市场经济的商业竞争，从某种意义上来讲也是战争，所谓"商战"。个人处于市场经济当中就一直会有生存威胁。而计划经济不会有这个问题，所以市场经济对人的潜力发挥要比计划经济来得大。

这不是说计划经济就根本不行。计划经济在一种情况下也是很行的，什么情况下？就是在战争的威胁下。这个时候的计划经济也能把人的潜力全部调动起来。

比如说毛泽东时代，"两弹一星"赶上世界先进水平，靠的是什么，就是战争。因为帝国主义包围着中国，战争危险存在，所以拼了命也要把它们做出来。

以前苏联也是这样。从一战到二战的二十几年时间，它一直处在国外战争的威胁下，于是拼命发展，没过多少时间就成为欧洲第二大工业强国。

世界冷战结束这十多年来，大规模战争的可能性大大减少，所以科学技术的进步也不如以前快了。

所以战争是人类进步的动力。

智男心甘情愿服从愚女

虽然男人在推动历史进步，虽然现代社会是男性统治的社会，但这并不意味着女人就没有地位。西方人有句话说，男人统治世界，女人统治男人。这是说出了一个事实。有不少男人在外面叱咤风云，威风八面，回到家里却是"气管炎"（妻管严），乖乖地听太太的话。

顺便问一句：怕老婆叫"气管炎"，那么有的人怕他的"二奶"，叫什么呢？

回答是：叫"支气管炎"。——这不是我的发明，是我的一位老师说的。

有人认为，女人比男人更适合做管理者。但你要知道，女人并不是靠讲理来统治男人的。作为一个管理者的女人，她一定不能像男人一样来管理。而是要多加点感情的因素。要有点柔性而不是刚性。这样才有亲和力。才能管得住男人。这个世界天生就是互补的，女人就是要跟男人不一样。中国哲学讲阴柔阳刚，乾健坤顺，是不会错的。

有的女人企图靠与男人讲理来统治男人，例如她可能一五一十地列出男人的各种优缺点："你首先是……，其次是……，第三是……"

这是一种错误。这样的女人也许很聪明，其实很愚蠢。因为男人最反感女人这样。

因为男人不想听女人跟他讲理。尽管他口头上可能埋怨女人不讲理。其实男人就是喜欢不讲理的女人。

比如我们知道苏格拉底的老婆不讲理，但他为什么不把老婆休掉呢？还有孔子，他虽然埋怨说女人难养，但也没听说他把老婆休掉呀！不也是过了一辈子吗？而且可能还挺恩爱的。

什么原因，很简单，就是因为他们喜欢不讲理的老婆呀！

俄国作家老托尔斯泰曾经有句很有名的话：女人不是因为美丽才可爱，而是因为可爱才美丽。这话是说得很对的。男人们常常引用。

那么女人怎么样才能变得可爱呢？关于这点，你只要想想"可爱"通常跟什么词搭配在一起就行了。

——是"天真"。我们经常形容女孩子的就是"天真可爱"。

所谓天真其实就是什么全不懂，不讲理，你跟她讲了也不懂，糊里糊涂。其实就是笨。

所以，女人就是笨才可爱。

还有，我们常常讲一个女孩子清纯、纯情。这清纯和纯情，也就是没什么心思，没什么心机，其意思也就是笨。

所以，女人并不在乎人家说她笨。其实她往往喜欢说自己笨。例如《红楼梦》里的王熙凤就老说自己是"给个棒槌就当针（真）"的愚者；那个娱乐明星阿娇就承认自己"很傻很天真"。

在聊天室里，常常看到这样一个名字：美丽笨女人。这样名字，找她聊天的男人很多。

好像有首流行歌曲也是这个歌名。

笨女人就是不讲理的女人。所以，可爱的女人就是不讲理的女人，所以，美丽的女人就是不讲理的女人。——这在逻辑上没有毛病吧？

可爱的女人就是不讲理的女人

忘了是哪个中国画家讲过的一句话，他说，女人的魅力全在一个"媚"字。不管人长得怎么样，只要有"媚"，则女人的魅力就全都出来了。唐代诗人白居易《长恨歌》讲杨贵妃："回头一笑百媚生，六宫粉黛无颜色"，结果就"后宫佳丽三千人，三千宠爱在一身"。可见这媚的厉害。

女孩子们都会想知道，怎么才能有媚呢？

女人要想有媚，漂亮当然是基础，还要加上秋波流转，眉目传情，"巧笑倩兮，美目盼兮"，现在还讲什么性感之类。但我认为这些都是次要的因素，因为在一个优秀的成功的男人身边，这样的女人多得很，但他只会爱那个真正"媚"的女人。

一个女人要显得媚，最主要的是要学会不讲理。

我估计那杨贵妃回头一笑的时候就还有一句："不——人家不要嘛——"

天知道她不要什么，只要她说这个话就"百媚生"了，不由得唐明皇不扑过去。

一般地说来，男人禁不得女人撒娇，女人一撒娇，男人便没了办法。

所谓撒娇，核心内容便是不讲理，——"不嘛，人家要嘛！""不嘛，人家不要嘛！"那你到底要还是不要啊？

同时再加上七音八调不知什么旋律的，似说非说、似唱非唱、似哭非哭、似笑非笑的"嗯……呜……啊……呀……"，这声调要由低到高，又由高到低，多来米发索拉西。男人便浑身酥麻，不知所以了。——"天哪，宝贝，我实在受不了了。你要什么我都答应你啊？"

　　结果，女人的目的达到了，男人还很乐意。

　　鲁迅先生有一篇小说《铸剑》，里面讲，古代有个大王，有一次心情不好，按着剑想要寻衅杀人，他身边的人一个个吓得躲得远远的不敢靠近，眼看一场流血事件无法避免。

　　后来是怎么解决的呢？后来是他最宠爱的妃子，坐到他的"御膝"上，"人家不要嘛！""人家要嘛！"毫不讲理地扭来扭去，扭了70多回，大王的脸色才慢慢地开朗起来，开始哄她。

　　一场危机轻轻化解。

　　讲理是男人的专利，不讲理是女人的特权。有权不用，过期作废。

　　如果一个女孩子，在工作岗位上犯了错误，面临被处理的可能，扣奖金罚款甚至被炒，该怎么办呢？

　　不要试图去跟上司讲道理，说这是偶尔一次，你家里很困难，父亲中风在床上母亲没工作在家里，自己还要供弟弟上学之类。更不要引经据典，比如公司的条例、过去的案例，说某某人好几次这样了你也没有处理等等。这使不得。

　　因为上司既然要处理你，这些事情他应该早就想到过了。讲理你是讲不过他的。

　　那么怎么办呢？女孩子只须扯着他（注意，是他不是她）的袖口，晃来晃去地晃，带着哭腔说："不嘛，不要这样嘛……"，或者说得不太清楚，人家听不懂你在嘟哝什么也没关系。

　　至于眼泪，要让它在眼眶里打转，不要掉下来（不过偶尔掉下一两颗也没关系），也不要号啕大哭。而是要处在大哭的边缘。就是说，看起来马上就要大哭了。

　　女孩子只要像这个样子坚持一段时间，十有八九他会败下阵来——"好好，不要这样嘛！事情好商量嘛！……你看，要不我们这样处理……行不行？"

这个时候，女孩子要破涕为笑，展颜莞尔。梨花带雨，桃花沾露，这个时候的她是最美的。

哭是女人特有而且是对于男人最有杀伤力的一种武器，但任何武器，其最大的效果均不在使用，而在于其将用未用，在于其威慑力。

这种手法，女人越年轻效果越是好，如果一个四十岁以上的女人，恐怕效果要大打折扣了。

至于对方的年龄，没有关系，可不予以考虑。

一个女孩子如果想要接近一个男孩儿，最好的办法是什么呢？显得比他笨，向他请教。请他辅导。这个男孩一定会很乐意的。

如果反过来，你用指点他、辅导他的方法，显得比他聪明的方法，去接近一个男孩子，告诉你，十有八九他会离你而去。

中国跳水皇后伏明霞，嫁给了号称香港"财神爷"的梁锦松，怎么嫁的？伏明霞说："我就是比他笨嘛！有一次参加活动，我碰巧跟他坐在一起，我不会玩游戏机，笨死了，他看见了，就过来教我。就这样好上了。"

简单一句话，智慧的男人看见愚女马上就喜欢上了。

知道为什么聪明女人，比如社会上那些做了总经理的女强人嫁不掉吗？因为太聪明的女人男人不喜欢。

由于生理的关系，男人一般看女人的时候都带点俯视；女人看男人的时候都带点仰视。这也会影响到爱情的心理。女人往往会喜欢什么都会的男人；男人往往也会喜欢什么都不会的女人。

所以女博士被人叫做除了男人和女人之外的"第三种人"。

　　只可惜现在激烈的市场竞争，女人都向男人婆方向发展，我们见到的往往是咄咄逼人、高喉咙大嗓门的中性化女人，你只能从她的胸部高低上辨出性别。甚至有些女人连这点特征都消失了，那就只有看屁股大小来分辨男女。那种天真可爱的女人是越来越少了。

可爱的女人是有直觉的愚，愚得有分寸

当然女人愚要愚得有分寸。不能一愚到底，死不转弯。要知道什么时候该愚，什么时候不该愚；什么事情上该愚，什么事情上不该愚。虽然女人以不讲理为可爱，但也要知道什么时候，什么事情上该不讲理，而不是任何时候、任何事情上都不讲理。

愚的女孩子不少，但要是能愚到这个份上。那就是愚的最高水平了。那当然也就不能再简单地说是愚了。

很多女人都知道什么时候该愚，什么时候不该愚。不过女人不是靠逻辑推断出这个的，她们是靠直觉。这个叫"第六感"。她们靠"第六感"一瞬间就能知道男人们讨论半天，千辛万苦进行推断才能知道、或者还不知道的东西。

所以女人们经常在背后嘲笑她们的男人："我早就知道了，可他就是怎么也弄不明白！"

日本上个世纪七十年代有个首相叫田中角荣。他曾访问中国，与毛泽东周恩来会见，建立了中日邦交。

当田中还是年青人的时候，有一天看上了一个女孩子，向她求婚。

这女孩子答应了，但她说："我有个条件。你必须答应，我才能嫁给你。"

什么条件呢？

"你这个人将来是要做大官的。你做了大官以后，不能甩掉我。"

田中听了差点笑到喷饭。那时候他已经快三十的人了，还是整天在建筑工地上忙活混口饭吃。哪里有可能当什么大官。

"好吧，我答应。但如果我当不上大官的话，你可不要后悔。"

后来后悔的是田中自己了。他贵为首相，却必须与自己的平民妻子白头偕老。

这就叫"慧眼识英雄"。

所以，女人虽然因为缺乏逻辑性而显得有点笨，但她们的直觉能力弥补了这个不足。从这点上来说，女人其实也不笨。聪明女人有的是。

太可爱的女人会令男人倒霉

男人都喜欢可爱的女人。一个男人能娶到（或者搭上）可爱的女人固然是福气，但是福气过了头也会变成晦气。

美国人讲，一个成功的男人背后都有一个女人。这话固然不错，但你要知道，一个倒霉的男人背后通常也有一个女人，而且往往是一个非常、非常可爱的女人。比如那些最后进了监狱的"成功男人"，他们往往有情妇，这些情妇当然是非常可爱的女人。不然那些男人也不会被迷住。

为什么可爱的女人会令男人倒霉？

因为男人必须讲理，他不能不讲理。但是遇到一个可爱的女人，为了讨女人的欢心，慢慢地他也变得不讲理了，结果就倒霉了。

比如那个周幽王，为了博得褒姒一笑，毫无道理地举起烽火；比如那个商纣王，为了满足妲己的好奇心，毫无道理地砍人脚骨，剖人心肝。比如那个唐明皇，莫明其妙地让杨贵妃认一个比她年龄大的安禄山做干儿子。并且还让她毫无才干的哥哥做宰相。这都是不讲理的行为，所以亡国了。

还有那个美国总统克林顿，他的情人、白宫实习生莱温斯基是个很可爱的女孩子，结果克林顿就被她弄得神魂颠倒，在法庭上公然撒谎，差点没把总统的宝座给丢了。

中国也有一些因为女人倒霉的官员，他们往往把一些工程给他的毫无经验和资历的情妇开的公司，或者把什么学历才干都没有的情妇提拔到重要的岗位上。这些都是很不讲理的做法。

再加上可爱的女人往往不懂理、不讲理，所以干这些经商做官的事情不是那块料。结果就连带她们的官员男人一块倒霉了。

痴情愚女与花心智男

痴情女子负心汉。这痴情的是愚者，这负心者是智者。

所谓愚者也，只认死理一条。比如说，"我身子已经给了你了，你不能不要我"；"我已经有了你的孩子了，必须跟着你，只能跟着你了！"如果是在50年以前的话，甚至会说："我的身子已经被你看到过了，我已经被你碰过一下了。只能跟着你了。"

所谓聪明人，他会设想多种解决办法，会照顾到多种可能性。比如，"除了这个女人以外，还有没有更好的女人呢？""如果与另一个女人结婚，再跟这个女人保持关系，是不是更好呢？""跟她好，对我的前途是有利呢还是有害呢？"

所以女人是愚者，男人是智者。

一个愚女嫁了一个智男。两个人在一起过了多年。

有一天，这个女人发现这个男人另有所爱了。她愤怒地找到他："你不是说过只爱我一个吗？怎么变心了呢？"

男人看着她，冷静地说："我没有变心。当初我说过，我只爱好女人。你是好女人吗？"

女人不知该怎么回答。她当然认为自己是个好女人啦。"我是……好女人啊！"

"是就好。我只爱好女人。其实我一直是爱你的。你要是想让我继续爱你，就要努力使自己变得更好。"

"那你怎么又跟其他女人那么好呢？"

"那也是为了你好，为了你的根本利益啊！"

女人愈发不懂了。"怎么你跟其他女人好还是为了我好呢？"

　　"你想啊，我跟其他更好的女人好了，对你不是有一种激励作用吗？她们那么时尚，那么先进。像你这样的四十多岁的女人，就是要向这些二十多岁的女孩子学习，使自己成为时尚的代表。这样，你很快也会变得更好啦！"

　　这个叫"忽悠"。这种事情不限于男人和女人之间。
　　有人讲，男人与女人对待感情的态度不一样，是因为基因的传播决定的。这个说法最早出自美国生物学家霍金斯所著的《自私的基因》。这本书认为，人的全部活动都是由基因决定的。基因的目的就是尽可能多地复制自己，传播自己。如此，造成男女对待性关系的态度不同。
　　男人的精子多，有人做过计算，一个男人一次射精的精子，如果全部用上的话，可以使全世界的育龄妇女受孕。所以男人天生倾向于乱交。广种薄收。
　　而女人不同。她一个月只排一次卵，一年下来不过十二个，一辈子也不过几十个，她当然要珍惜啦！所以女人比较贞洁，相对于男人来说，她对于自己的性伙伴的选择要严格得多。她要尽可能地选择一个身体、经济相貌各方面都比较好的男人，作为自己基因的接受者和传播者。她只会对这样的人产生性要求，精耕细作。
　　这就叫爱。
　　这个话好像有为男人花心作合理性合法性论证的嫌疑。所以西方有女权主义者愤怒谴责这种理论为"雄性沙文主义"。
　　不过这话倒可以在一定程度上解释现实中的男女对待性的不同态度。
　　不是有句话嘛，男人由性而爱，女人由爱而性。具体解释就是：女人爱了才会上床，男人呢，上了床才会爱。

而爱会使一个聪明人变得很笨。什么蠢事都会做出来。

中央电视台的电视剧《水浒传》里有一段西门庆第一次与潘金莲约会的描写，事情结束后，潘金莲问西门庆感觉如何，西门庆一边穿衣服，一边感叹地回答说："为了这一次，死了都值啊！"小说里并没有这一段话。是电视剧作者加上去的，厉害！我不得不叹服：作者深谙男人的心理。后来西门庆与潘金莲闹出那么大的惊天大案。起因就在"这一次"。他们两个，可以说是殉情。而其中起主导作用的正是西门庆。

西门庆这样的人，应该说经历过的漂亮女人不少，"这一次"他可以说是经历无数次了。为什么弄得跟纯情少年一样，与潘金莲经历了这么一次，就对她如此钟情，甘愿为她而杀人，最后为她而死呢？天下漂亮女人多得是，犯得着为这么一个潘金莲冒那么大风险去杀人吗？

也有这样的事情，一个男人对一个漂亮女人一见钟情，朝思暮想，但等到两人真的幽会了，只此一次，男人就跑掉了。再也不回头。留下女人一个人怀了孕，在那里哭。什么原因呢？

女人啊，仔细去想吧。

俄罗斯人有句俗语：要想吊住男人的脚，先要吊住他的胃。意思是说，男人好吃，女人给他做些好吃的，就能吊住他。

此话诚然不错。不过我还要补充一点，中国古代有个人叫告子的说过，食色性也。意思是说，"色"在人性上的地位是与"食"相当的。因此，想要吊住男人，"下面"也非常重要。

补充一句，这句话对男女都适用。

张爱玲的小说《色戒》被改编成电影。2007年在中国大陆上映。

里面的激情戏被删了不少。其实这些戏很重要，因为缺少了它们，观众就不能理解，女主角王佳芝为什么会说，那个她负责引诱的汉奸易先生"不仅占有了她的身体，而且像一条蛇钻进她的心里。"不少人还以为王佳芝贪财，那个易先生送她的钻戒起了决定性的作用。其实那个钻戒只是起了个压垮骆驼背的最后一根稻草的作用。

张爱玲她怎么会爱上一个大汉奸不能自拔呢？读过她的传记的人都知道，她为那个胡兰成奉献了一切，包括心和金钱，几乎身败名裂、倾家荡产却至死不悔。

男人可以跟一个自己不爱的女人发生性关系，他认为这很自然；但女人只会跟自己所爱的男人发生性关系，一般说来，她不会跟自己不爱的男人发生这种关系。她认为这也很自然。

本来这也没什么，这是男女天然的差距，就像男人屁股小，女人屁股大一样自然。问题是男女双方都用自己的标准、自己的眼光来看待对方。这样问题就出来了：

"我跟你有那种关系，为什么就一定是爱你呢？"——这句话是男人问的。

"你既是不爱我，为什么又跟我有那种关系呢？"——这句话是女人问的。

这可以说是由基因传播决定，但也可以说是由男人女人的聪明程度决定的。女人问题出在"一根筋"，没有想通，想通了就不一样了。男人主要是想通了，如果没有想通，也是一样。

由于有这样的男人和女人，有这样的智者和愚者，所以这个世界上就演出一幕又一幕的悲喜剧来。都是聪明人，你想到的他也想到了，演不成戏；都是愚者，你想不到，他也是想不到，当然更演不出戏。

比如那些恩爱夫妻，俩人眼里都只有对方一个，都认死理，哪有什么戏？一句话结束："从此以后，他们过着幸福的生活，直至白发千古。"所以，那些浪漫的爱情故事一般都是到两人结婚就结束了。

只有一个人想到了，另一个人没想到，一个这样想，另一个人那样想，一个人一根筋，另一个人却好几根筋，这才演得成戏。

爱情是不经过大脑的。它直接由心，也就是感情主管。

所以在爱情中的人，不管是男人还是女人，都会变得很笨。智商都会下一个档次，成为愚者。什么事情正在发生，人家都看出来了，只有他（或她）看不出。这个事情的前景如何，人家都想得到了，只有他（或她）怎么也想不到。引得周围的人替他们着急。

所以，如果你要知道一个人是不是正在恋爱，只要看看他（或她）是不是比平时变得笨，就可以了。笨得越厉害，爱得越深。爱得越深，笨得越厉害。

。

爱他（她），就愚一点

现在的年轻人都很聪明，见多识广，都是智者。都知道爱情也好，婚姻也好，要当作一项事业去细心经营。但是，怎么经营呢？我认为，就是要学着愚一点。

愚是爱的基础，没有愚则没有爱。

太聪明的人，明察秋毫的人，对于婚姻和爱情是不利的。因为就跟水至清则无鱼一样，"人至察，则无爱。"古人对这一点看得很清楚，所以你看"婚"字，是由"女人发昏"组成的。只有女人昏了头，她才可能嫁给男人，男人才有可能娶到她。

你如果不信，可以回家问问家里的女性长辈："当初您怎么会嫁给您的那位的？"

她一准回答："当初我也是糊里糊涂，不知怎么就嫁给他了。"

人的智慧都是随着年龄而增长，小姑娘最天真；年龄越大，计算得越准确，越精明。所以，女人年龄越大，越难结婚，当然男人也是一样。剩男剩女就是这样出来的。

这里劝告女人和男人，这个结婚时的糊里糊涂，在结婚以后也要保持。就是愚一点，就是很多东西要装作没看见，不知道、不懂。不光女人要这样，男人也要这样。

不要去管他（她）的收入，不要把人家的工资卡收起来；

不要去查他（她）的手机，有短信来了，要装作没看见；

有异性给他（她）打电话，不要去问是什么人，有什么事；

……

晚上回来晚了也好，星期天出去也好，只需大致知道他（她）去哪里，做什么事就可以了，不必问得太仔细。跟谁在一起，与谁同行之类，都不要问；只嘱咐路上小心、早点回来。如果回来晚了，要做好饭菜等他（她）。

同时你要告诉对方，你尊重他（她）的选择。如果想要离开你，想要分手，什么时候都可以。只要想好了，想清楚了，提出来。

你不要以为这样做了，对方就会乱来，在外面随便交往，或者很轻易地离开你。不会的。相反地，这样做，他（她）反而不会离开你。关系反而能巩固。这是我自己的体会。

为什么，因为男女双方能走到一起，当然是有感情的，有基础的。要分手、离婚也不是一件容易的事，是要付出代价的。没有充分的理由，不下很大的决心，是做不了这事的。感情这个东西，如果要分手，要里面有人推，外边有人拉。

首先是里面有人推，要有动力。这个里面当然就是指你。你的各方面要令他（她）觉得无法容忍，你的态度令他（她）觉得无法接受。这个无法接受的，除了一些经济方面的原因和恶习以外，最重要的就是没有自由。

现在的年轻人都很自我，都有很强的隐私意识和自由意识。你查收入、查手机、查朋友，限定对方的回家时间，这就是侵犯了人家的隐私，你哭泣着说没有他（她）你就活不了，一定要对方保证爱你一辈子，这就是取消了对方的自由。自由是人生最宝贵的东西，你把人家最宝贵的东西给拿走了，这样就给了他（她）离开你的动力。

人都是这样的：越没有的东西越想要，越不让做的事越想做，越是藏着的东西越想知道，这个叫逆反心理，但一旦真的得到了，倒也未必很当回事儿。人总是在不自由当中才意识到自由，才想要自由，去追求自由。但如果你真的给了人自由，他（她）倒也未必就一定想要这个自由，未必就会乱来。

举个例子。你坐在那里，如果限制住你，不让你动，你就会觉得头和手脚都很难受，很想要动一下。十分钟也熬不住；但如果不限制你，你坐在那里，也不见得就想动，有时候半个小时可能也不动一下，也没觉得有什么难受。我以前学画画的时候，经常要跟画友们互相换着做模特，对此体会很深。

你不让对方走，对方就会很想走；你真的让对方走，人家却也不一定想走。你让人家随时可以走，结果就是人家不走。

这就是老子讲的："夫唯不争，故天下莫能与之争。"

你不查手机，不限对方回家的时间，出去干什么也不问，已经给了对方以充分的自由、最大的活动空间。对方会在原来的感情的基础上，加上感激你的信任与宽容。会觉得既然你如此信任，自己也不能辜负你的这份信任，要对得起这份感情，反而更不会乱来。所以，他（她）更不会离开你。

家，是人生安定的港口，是一个自由隐密的的空间。组建一个家庭是不容易的。就算外面的那个诱惑真的很大，人家也会想一下的，如果他（她）与另外一个人组成家庭，还会有这么安全的港口吗，还会有这样的自由吗？如果没有，为什么他（她）还要随便放弃那已经得到的自由空间呢？他（她）会想，为那么点诱惑付出的代价值得吗？

里面没有人推，外面的人的诱惑力就会大大减弱。辩证法告诉我们，任何事物的变化，内因是第一位的，是根据，外因是第二位的，是条件。外因要通过内因才会起作用。婚姻和爱情也是这样。你给了他（她）以最大的自由空间，这就有效地巩固了内因。外面的人也就不容易诱惑他（她）了。

当然这种放任的做法也有一个不好的地方，即对方可能会偶尔在外面放纵一下、风流一下，越陷越深，收不回来，也是有可能的。但是只要他（她）还有一点良心，对你就会心存愧疚，觉得对不起你，回家以后会对你更好，加倍地补偿你。

这样你就会感觉出来，——这家伙这几天可能有点什么事。但不要深究，不要去查，只给对方敲一下警钟，告诉对方，如果有什么想法，随时提出来，你尊重他（她）的选择。

一般情况下，对方都会选择适可而止，会停留在你所规定的限度之内。

如果在这种情况下，对方仍然坚持在外面乱来，或者要离开你的话，那就不是人力所能挽回的了，那一定是其他人力不可抗拒的原因，缘分已尽，不管用什么方法都不行了。

大家都知道，婚姻最讲缘分。所谓缘分，其实就是自然天成。不符合天性的东西是做不来的，它可以短时间地、表面地做一下，但婚姻是一辈子的事，是天天在一起的事情，所以最讲究自然天成。如果双方怎么也合不到一起，要合到一起就非常别扭，那么也不要勉强。

婚姻也好，爱情也好，是一种互补。那么这个互补是什么性质的呢？不是一高一矮、一胖一瘦，而是性质与功用上的互补。

如果你是鱼，我愿是那泓湖水，只要我的爱人，能在水中快乐地游动；

如果你是云，我愿是那片蓝天，只要我的爱人，能在天上快乐地飘荡；

如果你是鸟，我愿是那棵树木，只要我的爱人，能在树上快乐地歌唱。

……

　　这不是对男人的要求，而是对女方的要求。宋美龄说过一句话，我认为说得非常好：家里的事情搞得好不好，女人要负百分之七十的责任。男主外，女主内。这是中国一向的家庭传统。女人总是更关心家庭，把更多的精力放在家庭的经营上。既然如此，女人就应该承担起更多的责任。

　　前面说过，男人是智者，女人是愚者。这个愚，在家里就是表现为给丈夫更多的宽容。《周易》里面讲，坤道是"厚德载物"。就是指的对女人的要求。

和谐家庭的最高机密

夫妻之间，经常会发生一些矛盾。原因出在哪里，经常出在双方都自以为聪明。都不想当一个愚者。

一个比较和谐的家庭，应该是由一个愚者和一个智者组成。这就是《周易》里说的："一阴一阳之谓道，继之者善也，成之者性也。"比如郭靖和黄蓉，那是绝配；如果两个都是愚者或者两个都是智者，这样的家庭容易走极端，要么非常好，要么非常不好。

这里我说一下我自己的经历。我们夫妻关系有一段时间相当紧张。问题是双方的：我们在什么事情上，比如家庭理财、儿子教育、双方老人的照顾等，总是自以为正确。我的意见老婆不听，老婆的意见我觉得没道理。

一旦她什么事情做坏了，我就指责她："你看，我早就跟你说过……"

老婆于是就冲着我喊："你不要老是自以为正确好不好！什么事情总是'早就说过'，你自己不是也经常犯错误吗？"

后来我冷静下来想一想，觉得她说得对。她学历、职称不如我，在我面前会有一种自卑感，这种自卑感会以一种"不服输、据理力争"的形式表现出来。我应该自觉地让着她，我在一些事情上应该做一个愚者。让她有机会显得比我聪明，这样老婆心里才会平衡。

更何况我确实是经常犯错误的。在有些事情上，她确实有强于我的地方；而我，除了学历高一点，职称高一点，别无所长。

我重新认识了自己，这样做了以后，果然夫妻关系和睦多了。她也不再事事跟我抬杠。

我这个经验，自认为对后辈们还是很有参考价值的。因为我知道有好几对夫妻，他们之所以离婚，都是因为在家务事上的分歧，最后矛盾不可调和。

一般心理学家、婚姻专家对于夫妻矛盾，往往是从方法上着眼，劝双方各自退让一步。所谓退一步海阔天空之类。但我看夫妻矛盾的根子不在于方法，而在于态度，在于双方的自我认知有问题，那就是：都自以为是一个聪明人。

反过来就认为对方是愚者。

相信自己是个聪明人，就会坚持自己的主张，就会否定人家的意见。要证明自己是个聪明人，是个智者，就会文过饰非，明明错了还拼命掩饰。自己是一次对了就次次都对；对方是一次错了就次次都错。对自己是大事化小，小事化了；对对方是没事找事，小事变大，大事无限上纲。这样，夫妻关系自然就紧张了。

我这样说，也不是要夫妻双方都来当愚者，都很谦虚地说自己是个笨蛋。我的意思是说，在这件事情上如果妻子认为自己是个智者，有长处，看得清楚，那么丈夫不妨做一回愚者，就算看得很清楚也装着没看清楚。不要同时在一件事情上两个人都来当智者，互不相让。

作为一家之主的男人，在大事情上要把握方向。女人家有她们聪明的地方，前面说过，她们有时有很强的直觉能力，但也经常"头发长，见识短"，（古人说的话不是完全没有道理的，呵呵）小事计较而大事糊涂。

男人在大事情上不能糊涂，小事情上可以糊涂。套用中国政府的常用语来说，在事关家庭和自身"核心利益"的问题上，在原则问题上，要把握方向，不能让步。除了这个以外，其他不是那么重要的事情上，男人不妨糊涂一点，愚一点。让妻子有决策权。

>> 国 人 篇

虽然人生在世不能缺少智谋，
但也不要以机巧而闻名。

——葛拉西安

国人多智，洋人多愚

是中国人聪明还是西方人聪明？

当然是中国人。这里有一个依据：据说，美国阿波罗登月工程，工程师和技术人员中有三分之一是华人。如果你不相信这个，那么现在你到硅谷，到美国各个大学和研究所看看，黑头发黄皮肤的华人比比皆是。

所以美国人有句俗语："美国人的财富装在犹太人的口袋里；美国人的科学技术装在华人的脑袋里。"

难怪美国人对中国人处处设防。

从清朝的时候开始，西方人就被中国人认为比较笨，不如中国人聪明。中国人老是捉弄他们。例如他们到官府里觐见长官时，不开中门，让他们走偏门，这就是捉弄他们了。西方人就不懂门与门有什么区别，傻乎乎的。

智者是发散性思维，愚者是聚合性思维，又叫收敛性思维。

所谓发散性思维，就是举一反三。看到一件东西，能说出它的好几样用途。遇到一个问题，能想出好几种解决办法。

收敛性思维相反，只认一个死理，一样东西只知道一个用途；甚至遇到好几个问题，他只认准一种解决办法。

发散性思维有点类似辩证法，它从多个方面看待事物，看到事物的联系和运动变化；收敛性思维有点类似形而上学。形而上学思维方法与辩证法是对立的，如恩格斯所形容的那样，形而上学认为，什么东西"是就是，不是就不是，除此之外都是鬼话。"没有第二种可能。

从这点来说，中国人应该以发散性思维居多。因为中国是辩证法的故乡。从《周易》开始，中国人就着重研究事物的发展变化，从孔子开始，就要求人们"举一反三"。

而西方人可能更侧重于收敛性思维。因为他们一直都是形而上学的思维为主流。古希腊哲学家赫拉克利特和德国哲学家黑格尔的辩证法，至今都没有能成为西方哲学的主流思维方式。

所以说，中国人多的是智者，而西方人多的是愚者。

关于中国人的聪明与西方人的傻，有一个典型的事实例子。

有一个英国小镇，为了防止酒鬼们闹事，出台了一条规定：下午三点以后，各商店一律不许卖酒。这条规定把一帮酒鬼们熬得口水滴滴流。

后来去了一个中国留学生，听了这个事儿，只说一句话就把这个问题解决了："下午三点以后不卖酒，那么三点以前多买点酒存在家里不就行了吗？"

英国人听了，一拍大腿："对呀，可是我怎么就没有想到呢？"

这就是聪明的中国人与愚笨的英国人。

这样的例子还有很多。

有一个笑话，讲德国人的笨。德国人的死板是出了名的。一个德国人掉进水里去了，几乎淹死。人们好不容易才把他救了上来。一些认识他的人好奇的问："你不是会游泳吗？为什么不游呢？"

他指了指岸上的一块牌子说："那上面不是写着'禁止游泳'吗？"

聪明人老是挨打

但是奇怪，智者老是被愚者欺负，老是挨愚者揍。孟子说："劳心者治人，劳力者治于人。"中国人是智者，智者是劳心者，为什么老是被愚者逼着去"劳力"，去为西方人打工呢？

因为中国人的聪明用的不是地方。

中国人的聪明往往表现在用一些小手段为自己谋一些眼前的利益。比如说，在考试中作弊，在西方超市里买东西，把便宜东西的标签撕下来，贴到贵的东西上面。人家的好东西出来了，做一个仿制品。足可以乱真，拿到市场上去卖。

中国人的聪明是用在处理人与人之间的事情上。因为只要这个搞好了，就可以不用辛辛苦苦地劳动，可以把人家现成的东西拿来，性价比是最高的，利益是最大的。

所以中国有着世界上最先进的兵法和人际关系学。还有"三十六计"。什么"借刀杀人"、"借尸还魂"、"笑里藏刀"等等，听起来很恐怖。许多人说话从来不直截了当，而是拐弯抹角，旁敲侧击，指桑骂槐。要整人也从来不当面整，总是在背后整。

我曾经去一个中学实习，带队的班主任老师总是跟我们说：要随时防备实习单位的教师职工对我们有什么看法。要"听话听音"，听出人家说话的"言外之意"、"弦外之音"。

班主任说得没错，但我总是在想，有什么话，坦白地说出来不行吗？为什么一定要绕来绕去地说，让人无法捉摸呢？

不由得想起鲁迅先生在《狂人日记》里的一段话：

自己想吃人，又怕被别人吃了，都用着疑心极深的眼光，面面相觑……

去了这心思，放心做事走路吃饭睡觉，何等舒服。这只是一条门槛，一个关头。他们可是父子兄弟夫妇朋友师生仇敌和各不相识的人，都结成一伙，互相劝勉，互相牵掣，死也不肯跨过这一步。。

中国今天当然已经不是鲁迅先生那个"吃人"的年代了。但在用小聪明互相算计这一点上与鲁迅先生那个年代并无二致。

中国的小骗术，又叫做"忽悠"，可能是世界上最丰富多彩的。你在任何一件事情上都可能会受骗，骗子来自四面八方，来自你想不到的任何人。套用范伟小品里的一句台词："哎呀，真是防不胜防哪！"

这就是因为中国人聪明。愚者不会去骗人家。他们只会受骗。

但正是中国人的这种聪明，常常导致失败。

曾听北方来的学生这样说：他们所在的那个城市，家里都有暖气管。里面是集中供暖的流动的热水。于是有不少居民家里打开暖气管，把它当作热水供应管。结果大家的暖气都不暖了。于是大家都开始骂政府。

后来管理部门只好采取一个办法，在这些热水里加入了有害物质，并且向居民们反复宣传暖气管的热水里有毒。但纵然是这样，仍然有些居民充耳不闻，照样用暖气管里的热水。有些人就得了病。

于是他们痛骂管理部门没良心。

曾看到这样一个报道：说在非洲某个国家，各国的旅客们都在排队通过海关，唯独中国人被从这个队里叫出去，另外排一个队，检查得特别仔细。

猛一看，很恼火，这不是歧视中国人吗？难道非洲也对我们中国人搞种族歧视？后来才知道不是的，这是中国人自找的。

原来，以前中国人也是跟其他国家的人一起排队通过海关。后来有些中国人为了自己能够快点通过，——当然，说不定也夹带了一些私货——就很聪明地私底下塞给检查人员一点钱。于是他就被放行了。

于是后来那里的海关人员都知道中国人会塞钱了，只要遇上中国人，就叫到一边去，特别仔细地慢慢检查，一直检查到你拿出钱来为止。

由聪明导致失败，这也可以说是中国人的文化传统。

一个智者生活在一群愚者当中，他会获益。因为他可以去骗愚者；但是被骗过几次以后，大部分愚者也都变得聪明了。当这个社会中大多数人都是聪明人的时候，则他们都会倒霉。而仅存的愚者会获益。因为聪明人彼此都不相信，他们都相信那个愚者。

鲁迅先生说过：捣鬼有效，但也有限。所以，以此成大事者，古来无有。就是这个意思。

识时务者为俊杰

中国人的聪明还表现为识时务。有句中国俗语讲："识时务者为俊杰"。

识时务的表现是不当头。鲁迅先生曾说：中国从来就没有敢于单独抚吊叛徒的暗客，敢于单独反抗社会的孤胆勇士。中国人是"合群的自大"——什么事情，总要大家一起，才敢干。

有人以为中国人没有事物"是什么"的哲学，其实有的。只是与西方人不一样。西方人研究事物的"是"，中国人研究事物的"势"；西方人看重的是事物自身的"本质"，中国人看重的是事物处于什么"势"中。

中国人做事情讲"势"，凡是要"顺势而为"。如果是"大势已去"，那就赶快放弃；如果"势如破竹"，那么就赶快跟上；如果"势均力敌"，那么就看看再说。孙中山说："世界潮流，浩浩荡荡，顺之者昌，逆之者亡。"就是这个意思。现在许多中国人都喜欢引用这句话。改革开放就是顺应世界潮流。

在中国，有了"势"，一条狗也可以"狗仗人势"，失了势，一个人还不如一条狗。

所以，中国人多的是落井下石、追涨杀跌、墙倒众人推。

愚者就不是看什么势，认一个死理，死扛。人就是人，狗就是狗。西方人就是这样。许多人是以敢于表现自己的独立见解，表示自己与众不同为荣的。

比如西方许多学者动不动就声称自己实现了"哥白尼的革命"。以做哥白尼为荣。而我们知道哥白尼的遭遇是很不幸的，他在世的时候甚至不敢出版自己的著作。哥白尼身后，宣扬他的思想的意大利天文学家布鲁诺甚至被活活烧死。

但西方人就热衷于成为这样的人。

智者会干这种事情吗？当然不会。以前中国倒也有过愚者，死扛。例如明朝的东林党人。那就是认一个死理，跟当时的皇帝对着干。现在这样的人是越来越少了，都随大流。中国人是越来越聪明了。

比如做企业。许多智者都知道，企业做产品不是靠"是"而是靠"势"。就是说，不是你的产品是好东西就一定有人买，是坏东西就一定没有人买，而是要看你的产品的"造势"。势造得好了，产品不好也照样热销；势没有造起来，产品再好也卖不动。

所以中国的企业家如海尔的张瑞敏就讲，做产品就是造势。

智者知道，在一个单位里，看一个人是不是有力量，主要地不是看他"是"什么，而是看他有没有"势"。权势权势，权与势是连在一起的。无权则无势，但无势则权也是空的。

一个市长，虽然他"是"市长，但如果他无"势"，他的实际权力和影响力可能还比不上其他地方甚至是他手底下一个有"势"的人。比起他来，那个人可能更像"是"市长。

愚者就不会这样想了。他只认死理，以为市长就是市长。

一个单位，有某个分配方案出台了，很不合理，大家都知道。许多人心中不满，但都是你看看我，我看看你，在私底下议论，就是看那个"势"。没有人会站出来第一个发言表示反对。大家都希望有人先站出来，最好他们能把事情都搞定，自己不用出力，不得罪人，又能得了便宜。

最后可能有几个认死理的笨家伙站出来了，"造势"，也成了。聪明人得了好处，但说不定私底下还要与那些掌权者们叹一下苦："唉，其实我也不想这样啊，可是大势就是这样，我也只好顺从啊！"

他不会站在最前面的，因为中国人的俗语讲："枪打出头鸟"。如果一看苗头不对，他第一个转身，逃得最快。

当然，如果自己没有利益关系，许多中国人就更是置身事外，不会开口了。

而且，他也会很聪明地向能够站出来的愚者表示钦佩之意，说自己是："虽不能至，心向往之。"

作家龙应台曾写过一篇文章《中国人，你为什么不生气》，她在文中历数国人对种种社会不良现象、不公平现象逆来顺受。她不理解中国人为什么会不生气。

其实中国人不是不会生气，而是把气压在心里，在等待。因为他们相信："多行不义必自毙"，"善有善报，恶有恶报，不是不报，时机不到。""恶人自有恶人磨。"他们希望有一个侠士出来替他们收拾这个恶人。

但问题是，如果大家都这样想，则侠士永远出不来，行不义者也不会自毙，恶人也不会有恶报。

中国人往往都是很聪明地"顺势而为"，或者说得难听一点叫"趋炎附势"。

因此，作为一个领导，当你就自己的一个想法征询大家意见的时候，你千万要注意这个"势"。人们讲出来的意见经常表示的不是内心真实的想法，而是那个"势"。你会发现，当你有"势"的时候，人人都赞同你的意见，都说你是如何的英明伟大；当你失了"势"的时候，人们都在痛骂你是个蠢货。

当然，也不光是中国人如此，西方人也会这样。众所周知，拿破仑有一次站在高台上，接受群众向他的欢呼。旁人奉承地对他说："陛下，您看，人民向您欢呼多么热烈啊！"他不动声色地回答：

"如果我将来的某一天被绞死的话，他们的欢呼也会同样的热烈。"

不过比起西方人来，中国人的这个特点恐怕要更强烈些。

"我们应当相信群众"，不错，"这是一条基本的原则"。但是，你也不能太相信群众。你不能相信群众所说的、甚至是慷慨激昂地流着眼泪说的话，真的是他内心的想法。就算是他今天的真实想法，你也不能相信他不会变。

领导对底下人的关系，就像丈夫与妻子：如果妻子在外面偷情，丈夫一般是最后一个知道的人。比如前罗马尼亚领导人齐奥塞斯库和利比亚前领导人卡扎菲，都是这样。他们都是死到临头才知道，人民早已经抛弃他了。

中国人都是"智叟"

西方人富,中国人穷。那么,我们中国人怎么才能变得富呢?

要是笨的中国人,那么就会想,我们努力干,努力奋斗,赶上他们,中国最后也能成为富国。我们当然也就是富人了。

但聪明的中国人不会这样想。他会找到一个最直接的办法:到西方去,把自己变成西方人。

中国人都是"智叟"。他们面对大山,最先想到的办法就是搬家。毛泽东号召中国人学习"愚公",其实学来学去,中国人中多的还是"智叟"。

这就是为什么西方会有那么多的中国移民。

只是他们到了西方以后,发现自己还是穷人。只不过以前是穷人中的一员,现在成了富人中的穷人。当然,比起以前来,毕竟还是富了些。回到中国,他们可以充作穷人中的富人了。这样他们心里也满足了。

还有人想到一个办法,就是"卖"。卖土地,卖资源,卖环境,卖市场。还有,出卖廉价的劳动力。这个叫做"发挥比较优势"。当然,这样很快就有钱了。有钱就富了,就可以买东西了呀。这也是一种聪明。

还有一个办法是把外国人、主要是西方人"引进来",让他们在中国花钱消费或者办企业,这样我们也可以赚到钱了。这也是一个很聪明的办法。

在中国,法律和政策不是用来遵守的,而是用来钻空子、谋利益的。政府一条政策出台,人们首先考虑的不是怎样贯彻执行这个政策,而是怎么从这个政策中给自己捞一点好处。上有政策,下有对策。

广东人在改革开放之初说过的一句话，后来成为经典名言："见了红灯绕着走，见了绿灯赶快走。"广东人在80年代就靠这个发了大财。所以许多人都向他们学习了。

学习的结果是红灯失去了作用，因为大家都绕着走了；绿灯也失去了作用，因为大家都赶快走的结果是谁也走不了，都挤在了一起。

所以，我们经常看到的一种现象就是：政府的好政策走了样，反而带来了坏结果。大家浑水摸鱼，政府无所适从，结果谁也没捞到好处。误了事，增加了成本。

我们前面说过，聪明人虽然会成功，但聪明人所有的成功加起来就是一个大失败。

由于大家都贪小便宜，结果是大家都没有便宜。比如跟外国人做生意，中国同行之间互相杀价，杀到后来，大家都没有钱赚。亏本在那里做买卖。

再比如做DVD，用Windows也是这样。一开始不付专利费，做盗版，自以为得计，西方人也装傻。等到你把产业做大了，离不开他了，西方人找上门来了——付钱吧！于是大眼瞪小眼。

中国人聪明都用在小事情上、在眼前利益上，一部分也与长期封建社会，政府忽视人民的利益，一般人的个人权利和利益没有正当的表达途径有关。

慈禧太后当年经历庚子之变，即义和团运动失败、八国联军杀进北京以后，曾很沉痛地说了一句话："误国家者在一私字，困天下者在一例字。"

但难道"误国家者在一私字"这话不正是她自己的行为的写照吗？清朝难道不是亡在统治者自己只顾私利吗？

中国历代思想家都主张统治者不要与人民争利，但这恰恰是封建统治者们最难做到的。孟子早就警告说："上下交征利，国危矣！"不幸的是，历代中国一直是这种情况。也就形成了前面说的《周易》中的"水山蹇"卦的情况。

由于统治者都只顾自己的利益，形成了利益集团，其他人也只好只顾自己的利益。于是恶性循环。苦的就是争不到利的老百姓。

至于"困天下者在一例"字，这个"例"也就是"因循守旧"的意思，其实它并不能"误国家"、"困天下"，改革也好，变法也好，关键在一"利"字。人们一直以来有个看法，认为中国人因循守旧，改革特别困难。鲁迅先生曾经讲，中国是"动一张桌子也要流血"，其实不是这样。中国人是聪明人，怎么会因循守旧呢？那种都是愚人才会做的事情。只要有利可图，中国人改起来，变起来比谁都快。这点，我们只要看看国内30年的改革开放的速度之快就不难理解。真是变着法儿挣钱，拦都拦不住。

之所以说国人不愿意改革，大抵是因为它触动了当权者的利益。戊戌变法之所以失败，是因为它损害了当时的权贵阶层的利益，而又没有给予适当的补偿。如果当初变法的策划者们能看到这一点，首先把权贵阶层的利益最大化，变法想不成功都难。

商鞅变法为什么能成功?

曾听到有个省级官员有一次这样介绍他们的经验："改革开放，我们是很灵活的。比如收农业税，我们以前收的时候，农民就跟我们对抗，结果我们收10块钱的税，要花100块钱的成本，划不来，后来就不收了，这就是改革，与时俱进。"

听了这个话真叫我啼笑皆非。在我们官员的头脑里，法律居然是用金钱来计算的。

现代社会是法治的社会，这个法治就表现在：法律是至高无上的，它不能以任何其他东西来衡量，比如说它不能用经济学的观点来衡量，进行成本核算。你如果违法，哪怕只违法一块钱，我就算是花上一万倍的代价，也要把你追回来进行惩罚。为什么，因为这就是法律。

这跟人的生命是一样的。人的生命是无价的，不能用金钱来衡量。我们经常看到这样的报道：某地发生矿难，政府不惜代价抢救困在矿井里的民工。你说那些民工值多少钱? 就算把他们救出来，他们能给社会创造多少价值? 恐怕还抵不上抢救他们的费用。但是这账是不能这样算的，为什么，因为这就是"以人为本"。人的生命至高无上。

这个官员的那番话使我想起了战国时期的商鞅变法。大家都知道，战国时期各国都有过变法，但只有商鞅变法成功了。为什么呢?

商鞅变法一开始也很不顺利，他颁布了很多变法的命令，但都没有人去执行，人们拿它全不当一回事。商鞅于是张贴了一张布告，宣布：任何人如果能把政府竖在城东门口的一条竹竿拿到城西门，政府将奖给他十两金子。

布告张贴出来，人们围着布告议论纷纷，看看布告，又看看那根竹竿，谁也不相信这是真的。这时有一个楞头青，不管三七二十一，拿起竹竿就跑，一口气跑到城西门口，结果当场得到商鞅的兑现，拿走了十两金子。

这件事轰动了整个秦国。人们终于相信了商鞅这次是来真的。于是条条法令都得到了有效的执行。

于是秦国上下人人努力工作，因为他们知道，政府所有的承诺都是可信的。于是秦国的国力得到了空前的提高，打造出了一支令其他六国望而生畏的虎狼之师。最后统一了中国。

大家知道，商鞅最后也是死在了他自己的法律体系里面。他因为得罪了太子，逃到了边境，晚上去客店投宿，店家要看他的身份证明，商鞅不敢拿出来，于是店家拒绝让他住宿。理由是：政府明文规定凡住宿的客人必须持有身份证明。商鞅一再苦苦哀求也没有用。

这正说明了商鞅变法的彻底与成功。

如果有人以此嘲笑商鞅的"作茧自缚"，那我只能说这正是中国智者的悲哀。

中国的很多问题，其根源就在于太聪明，太会计算利益。结果得了小利，失了大利和长远的利。

很多人、很多地区，特别是走在改革开放前沿的，他们的"第一桶金"是违法乱纪得来的。比如沿海地区在80年代的时候，很多人走私，偷税漏税，这样发了第一笔财。但是当时可能是穷怕了，见了钱两眼放光，一个铜钱看得比磨盘还大，对违反法律的事情就视而不见，甚至提出"允许改革犯错误，但不允许不改革。"于是，什么法律法规都视为一张纸，置之脑后。一切为了发财，只要发了财就是正确，就是胜利，就是改革的榜样。

众人皆知，市场经济就是法治经济。中国政府早就宣布要在2000年建立初步的市场经济体系，2010年建立完善的市场经济，之所以至今未能做到，就是因为没有法治配套。不是没有法律，而是没有人去认真地遵守、执行法律。而之所以没有人遵守，为什么没有人遵守，其源头就在80年代。

我们这些过来人都知道，中国人本来是很老实的，很守规矩的，很听党的话，响应政府号召的。只是看了那些榜样以后，才慢慢地学坏了。

由于中国人的聪明，我们社会付出了高昂的代价。

比如：人人都知道中国的"一张考卷定终身"的高考是并不是选拔人才的好办法，学生们为了应付高考，糟蹋了身体，僵化了头脑，真正的人才被埋没了，只是培养了一大批除了做题目其他啥也不会的书呆子，所谓"高分低能"。但中国还是要高考，而且只能采取这种"一张考卷定终身"的方法。

为什么，那就是因为中国人中智者太多，会钻空子的人太多。如果中国也采取西方国家那样灵活的做法来录取高校学生，比如多次考试、综合素质考察、各个高校自主设题招生等等，那就一定会出现大面积的高考腐败，每个人都会想尽办法去钻制度的空子。各地有段时间曾采取一些素质测评加分的办法，企图纠正这种"分数唯一"的弊端，但现在又停止了，就是一个证明。所以只好采取现在这种办法。这种"一张考卷定终身"的高考虽然有很多问题，但是在目前的中国，它还算是最公平的。

聪明人和傻子和奴才的故事

毛泽东提倡做愚者。他说，要做老实人。什么人是老实人？他说，科学家是老实人，马克思是大老实人。他讲：世界上怕就怕认真二字，共产党就最讲认真。

愚者就是"给他个棒槌他就认针（真）"的人。

前三十年的时代所树起来的典型、英雄人物，都是些认死理的愚者。

比如最有名的雷锋，他就是个愚者。雷锋在日记里写道：有人说我是个傻子。但是，我愿意当这样的傻子。

还有"工业学大庆"里的典型，铁人王进喜，也是个愚者。他说："宁可少活二十年，拚命也要拿下大油田。"结果大油田是拿下了，但是他也真的四十多岁就死了；大庆精神首倡"三老四严"，这"三老"是"做老实人，说老实话，办老实事"。四严是："严格的要求、严密的组织、严肃的态度、严明的纪律。"说来说去也是个愚。

那样的愚者典型今天当然也还有，不过现在这样的人是越来越少了。

为什么会这样？因为事实教育了我们。在中国，自古以来做一个机灵的聪明人占便宜，做一个认真的愚者是要吃亏的。这点，前面所引的鲁迅先生所写的《聪明人和傻子和奴才的故事》中已经说过了。

鲁迅先生还有一个故事也是说这个的：

一户人家生了个儿子，大家都去道贺。一个人笑眯眯地说："啊，你的儿子将来是要做大官的呀！"主人很高兴，于是这个人得到了奖赏；

另一个道贺的人乐哈哈地说："啊，你的儿子将来是要发大财的呀！"他也得到了奖赏。

唯独一个很笨的家伙认真地说："这个儿子将来是要死掉的呀！"于是他被人痛打了一顿。

其实，只有这个愚者说的这句话才是真的，前面那些聪明人说的都是假话。但说真话的代价就是被痛打一顿。

中国人是"差不多先生"

愚者就是表现认真。智者就是表现为不认真。他知道不需要那么认真。

胡适之先生曾说，中国人是"差不多先生"。什么事情，什么东西，"差不多就可以了"，现在有个说法叫做"基本上"。

凡事不要去想搞得尽善尽美、十全十美。中国人很聪明，知道那是不可能的。凡事只要差不多就可以了。

有一次我出差，在火车上与一位航天部的工程师聊了起来。

我对他说："你们这些工程师应该多下点苦功，多设计一些世界上先进水平的东西出来，也好给我们国家争个光呀！"

他反驳我说："这不是我们设计的问题。不是我们设计不出来。其实我们再先进的东西也设计得出来。只是我们的工人造不出来。"他举例说：一个宇宙飞船，那么多的零部件，要求加起来的误差不能超过一根头发丝。这个精度，他说，我们工厂出来的材料和工人的加工精度达不到。

这点我相信。关于中国工人在工艺和技术上的不仔细，听到的事情太多了。

曾经看到一篇小说，叫《村魂》。它讲了这样一个故事：

有一年，一个村庄里接到一个任务，为一条公路提供石子。公路建设指挥部下达的任务，落实到每户人家。要求的石子尺寸大小是与枣儿差不多。

村子里有一个老党员，他也领到了任务。一丝不苟地开始敲石子。敲了一阵功夫，他看到自己的儿子和媳妇却敲得不像话，他们敲出来的石子足有鸡蛋那么大。

于是，他发话了："你们这样敲，能行吗？不合格呀！"

儿子和媳妇满不在乎地说："没关系。不是说差不多吗，差不多就行。"

"怎么是差不多呢？你们这样差得太多了呀！"

但他的儿子和媳妇根本不听。

老党员后来发现全村许多人都是像他的儿子和媳妇那样，敲成鸡蛋大小。像他这样规规矩矩做的人几乎没有。这把他气了个半死。"对上级交下的任务，怎么能这样马虎呢？"

到了交石子的那一天，他自己不去，让他的儿子和媳妇代他去交。他说："你们的石子敲得都不合格。只有我合格。我就不去了，免得看见你们被退回来难过。"

等到下午，儿子和媳妇回来了。他问："交了吗？"

"交了。"

"合格吗？"

"都合格，就你不合格。"

他大吃一惊："怎么会是我不合格呢？"

原来，人家公路建设要的就是跟鸡蛋那么大的石子。那么为什么又下达说要敲成差不多枣儿大小呢？那是因为指挥部已经考虑到了村民们一定会把尺寸放大。如果跟他们说要敲成鸡蛋大小的话，他们说不定会敲出跟馒头那么大。所以，只好预先说敲成跟枣儿那么大，这样，村民们才会敲出刚好符合要求的石子来。

你看，指挥部和其他村民都是聪明人，只有这个老头是个愚者。他被集体涮了一把。

这位老党员得知真相以后，气得吐了血，最后一病不起。

他出殡的那一天。全村人都去了。在他的遗体上覆盖着一面旗子，上面写着两个大字："村魂"。

这篇小说给我很深的印象，以至于我到现在还记得清清楚楚。我认为这是自鲁迅以后揭示中国人国民性最深刻的小说。

只是我认为最后的结尾是硬加上去的。是"光明的尾巴"。——村子里的人哪里会认这个老人为"村魂"。只会叹息他甚至于嘲笑他。

我也曾遇到过类似的事情。

有一次学院组织改考卷。那是有比较丰厚的报酬的。我也报名参加了。在规定的时间里，我到了规定的地点。一看，怎么没人呢？连门都锁着。我到处问，后来办公室的人说，可能时间改了吧。我没办法，只好回去了。

其实就在我回去之后没多少时间，门就打开了，改考卷的人都来了，开始工作。我就没能赶上这次可以挣钱的工作。

后来我责问那个管事的人，他居然还理直气壮反问我："谁让你那么早来的？"我说："你不是规定那个时间吗？我怎么来早了？"

他说："唉呀，规定的时间总是要往后拖一段的嘛！这个大家都知道，你怎么那么老实呢。"

老实是无用的代名词。这年头，你跟谁说他是老实人，等于骂他。他会跟你急的。

"看客"是转移竞争压力的方式

"看客"这个词，出自鲁迅先生的著作。相信大家都知道。鲁迅先生笔下的那个时代的"看客"，是以欣赏他人的痛苦为娱乐。比如挤着看杀头，比如一起去听祥林嫂的诉苦。

但实际上，"做看客"是中国人的一种人生态度。从本质上来讲，所谓做看客就是置身事外，通过观赏他人的行为（成功或者失败）来得到自己精神上的满足。它是一种精神胜利法。

在当今这个市场经济的社会里，看客有了一种新的意义。那就是转移竞争压力。

不管在什么样的社会里，竞争是免不了的。当代社会竞争尤甚。竞争也就是人与人之间的相互比较。

西方人有上帝，人与人之间是通过上帝来联系的。在上帝这样一个至高无上的存在面前，人就变得非常渺小了，还比什么呢？就如庄子所说的那样，在至高的"道"面前，自然界的生物都是平等的，那些世俗的所谓的"贵"与"贱"都是人忘记了这个"道"，自己搞出来的（庄子的原文是："以道观之，物无贵贱；以物观之，自贵而相贱；以俗观之，贵贱不在己。"）

所以西方人之间世俗方面的相互比校，比如说比金钱啊，比地位啊，就要比中国人少。更何况基督教《圣经》里根本就看不起富人。耶稣就说，富人想要进天堂，比骆驼穿过针眼还要难。这样，穷人至少心里有个安慰了；而富人吧，多少心里总有那么点不踏实——自己死了以后万一下地狱怎么办？

中国人都是唯物主义者，没有上帝，要确立个人的地位，怎么办呢？人与人之间就要在世俗方面比较了。相互比金钱、比资历、比地位、比儿女，比老婆、甚至于比容貌。反正只要是能比的东西，都拿来比。这倒确实有点"唯物"了。

俗话说，人比人，气死人。人与人之间的相比，给人一种压力。怎么面对这个压力？在这方面，智者与愚者又有所不同。

愚者遇着压力，只会自己去对付，自己动手去干。智者不是。他会把竞争压力巧妙地转移掉。

怎么转移？首先是让下级来替自己竞争。

举例来说，一个省长，他知道自己如果要在与其他省长的竞争中胜出，自己省的经济增长率必须达到8%，他就会在制定各市县长的工作考核指标时，规定他们所在的地区的经济增长率不得低于8%。以此来确保自己的增长指标的完成。这样，他就把自己与其他省的省长们之间的竞争，变成了自己属下的各市长、县长们之间的竞争。

同样地，当这位省长管理下的市长和县长们接到这个任务以后，也会如法炮制，把经济增长的任务分到自己下属的各乡镇或其他部门。

政府部门是这样，其他企事业单位也是这样。一个大学的校长要建"一流大学"，他必然会把"一流大学"所需要的各项指标层层分解、量化，变成学校内部各部门和教职员工之间的竞争。当然，各个部门的头头脑脑们也会如法炮制。

这就是竞争压力的转移。

西方的"帕金森定律"说，任何管理者在竞争中感到力不从心的时候，他们不会选择承认自己无能和退却，而是会选择增加自己的助手和下级，这也是讲的竞争压力的转移。

转移了以后，是不是那将压力转移了的人就没有竞争压力了呢？也不是的。但他至少有了一个缓冲地带。有了一个先行的承受者。万一在竞争中失败，被转移者们已经先行替他承受了失败的责任和后果。

我有个学生在一家著名的企业里工作。大小也算个官。他说：企业里每个事业部到了年终就要竞聘主任岗位。这时，就看竞聘者谁的口号喊得高、喊得响。你喊明年利润30%，我就喊50%，谁最敢喊，谁喊得最高就谁上。

我不解地问："为什么要这么喊呢？喊得那么高，到了年底完不成不是要倒霉吗？"

"没关系呀！"他说，"当上了事业部主任就有高薪，有车子，有各种待遇，先享受它一年再说。再说了，他可以把指标分到下层各个部门，让他们来替他完成。如果他们完不成，可以先把下面的人撤掉。反过来说，如果他不去竞选，人家上去了，要他来完成指标，岂不是更倒霉？"

顺便说一句，这家企业的事业部主任是年年换的。

不仅企业里如此，其实在家庭里也差不多。也有个竞争压力转移的问题。

对女人来说，男人就是她转移压力的对象。对妻子来说，丈夫就是她转移压力的对象。一个男人，一个丈夫，好像不仅应该自己事业成功，有官有钱有权有名，还应该连带帮助家里所有的人，妻子就不用说了，七大姨八大姑外加小舅子都在内，要让他们个个有好工作，好收入。

做到了这一切，才算是真正成功的男人。反过来，妻子下了岗，她首先做的往往不是检讨自己，而是埋怨丈夫，怨他没有能力给自己找个好工作，甚至想办法换一个丈夫。

对儿女来说，父母也是转移压力的对象。儿女大学毕业找不到好工作，也可以埋怨自己的父母（主要是父亲）无能。虽然不能换父母，但至少有一个可以解释失败的借口。

只有丈夫没有地方可以转移压力，他们只能借喝酒和打骂来让自己暂时忘却压力、释放压力。这样就容易出事情。

有人以为男人喝酒和赌博引起家庭悲剧，其实喝酒和赌博只是现象，其实质是这些男人没有其他办法释放和转移他们的压力。

在此呼吁女性朋友们给予她们的丈夫和男人以更大的宽容。

看客的面子由愚者来挣

《红楼梦》有个丫鬟叫鸳鸯，老爷贾赦看上了她，要娶她做小老婆。她不愿意。于是贾赦就让她家里的人来劝她，她指着他们就骂了：

"成日家羡慕人家的丫头做了小老婆，一家子都仗着他横行霸道的，一家子都成了小老婆了！看得眼热了，也把我送在火坑里去。我若得脸呢，你们外头横行霸道，自己封就了自己是舅爷；我要不得脸，败了时，你们把忘八脖子一缩，生死由我去！"

鸳鸯骂的就是中国人经常用的一种做法：让人家替自己竞争面子。自己当看客。

我们都知道，中国人很看重"面子"。做人一辈子，争来争去，很大程度上就是争个"面子"，有了面子就把人家比下去了，自己就觉得光彩了。但这个面子往往不是由自己的努力获得的，而是由自己的家人或者跟自己有关系的人来支撑的。

从前是用祖上来撑面子，例如鲁迅先生小说中的阿Q就是用自己"祖上也姓赵"或者"先前阔"来给自己挣面子。现在这个"朝后看"不时兴了，现在都是"向前看"，比的是未来，于是儿女的学业和事业就成了父母亲挣面子的资本。

所以你可以看到，那些天还没亮就出门上学的、背着大书包的可怜孩子们，往往面色凝重，失去了他们这个年龄应有的天真活泼。他们不是自己这么努力要读书，他们背上承载的是父母的面子。

常常看到这样的报道：一些穷苦的父母再苦再累、省吃俭用也要让孩子进好的学校甚至于幼儿园，说是"不能让孩子输在起跑线上"。还有些父母，为了孩子的学习，辞了职做陪读。于是人们感叹：可怜天下父母心！

你错了，其实他们这么做，更大程度上是给自己挣面子。人都是自私的。在他们的心目中，孩子的前途就是自己的面子。在许多人看来，面子比性命都重要。中国人有句俗语是形容这种人的——"死要面子活受罪"。

你若不信，可以问问那些这样做的父母：你们既是这样为了孩子牺牲，为什么当年你们自己不好好努力把书读好，给孩子创造更好的条件呢？——其实有不少孩子就是这样问他们的父母的。

这时候，这些父母多半会无言以对，然后大哭大叫："天哪，我们这样为你做出牺牲，你居然说出这样的话！有没有良心哪！"

聪明的看客把愚者架到炉火上烤

《三国演义》里有这样一段内容：孙权写信给曹操，劝曹操称帝。曹操看了信，笑了笑说："孙权是想把我架到炉火上烤啊！"

为什么说一旦做了皇帝就是被架到炉火上烤呢？因为皇帝的位子天下瞩目，做皇帝本身就是"高风险的职业"。那些没有"合法的继承"，单靠武力或者阴谋去当皇帝的人尤其如此。人家完全可以借口这个皇帝缺乏"合法性"而发起倒戈运动。

所以曹操后来一生没有称帝，而是"挟天子以令诸侯"——既可以使自己的意志得到执行，又不用承担篡权的罪名。

后来"架到炉火上烤"这个说法就专指那些虽然看起来很好，但容易招惹是非的位置和事情。

在竞争方面，中国人最乐意做的事是坐在看台上观赏欢呼或者起哄。既不用承担竞争的风险，又可以分享胜利者的荣耀。

现在网络上对此有个词，叫"意淫"。或者又可写为YY。阿Q的精神胜利法就是"意淫"的典型。这个词在西方没有，是中国人独创的，它源出于《红楼梦》。原先的意思有点像"精神恋爱"。它现在的意思是在想象中得到自己需要的满足。

但这个想象需要有一个现实的对象，体育和娱乐明星们往往成为这样的对象。

曾看到：刘翔在比赛当中胜利之后，披着国旗兴奋地大喊："中国有我，亚洲有我！"

我只能替他苦笑。因为他把自己"架到炉子上烤"了。他把十三亿人的面子放到了自己一人身上。当他胜利的时候，他固然享受着十三亿人的给予他的光荣，但当他失败的时候，他也要承担十三亿人加诸于他的责难。

常有人讲，中国人对明星不宽容。刘翔在北京奥运会上退赛，引得多少人怒骂。其实刘翔受了伤，不参加比赛完全是他自己的事，就算他没有受伤，"老子今天不高兴比赛了！"——又怎么样，碍着谁了？但是许多中国人就是不能容忍。就要骂。

因为刘翔退赛害得十三亿中国人丢了面子。

西方人没有"面子"的观念。他们有"荣誉"的观念。自己的荣誉是要自己来保护的，人家代替不了。所以西方人不是看客。在不是看客的西方人看来，明星就是明星他自己。他仅仅代表他自己，他爱做什么做什么，人们或者喜欢他或者不喜欢他，仅此而已。

但作为看客的中国人就不是这样了。他（她）们一旦喜欢上某个明星，那么这个明星就是他的面子，就是他的代表了："你真好！你真能干！你是我们的骄傲！我们全靠你争光了！"

这个人所有的行为都是代表中国人，他所有的成绩都是中国人夸耀的资本。当然，他所有的过错也都代表中国人。

就算是自己被洋人欺负得抬不起头，只要在电视上看到李小龙痛揍洋人。就觉得自己已经胜过洋人了。在洋人面前走路也挺胸抬头了。

但如果有一天，李小龙落魄了，贫病交加，打不过洋人了。你问这些中国人，要一点援助试试看？我看他不但得不到，反而会遭到一顿数落和痛骂："真没用，给我们中国人丢脸！"套用《红楼梦》里那个鸳鸯的话说，就是："我若得脸时，你们外头横行霸道，自己封就了自己是刘翔李小龙；我要不得脸，败了时，你们把忘八脖子一缩，生死由我去！"

所以刘翔不仅仅是一个人在那里比赛。他是作为中国人的"面

子"在那里比赛。赢了，是中国人"有面子"，输了，是中国人
"丢面子"。退了赛，也相当于失败，所以也是中国人丢了面子。
所以他要被人骂。

中国智者VS西方愚者

中国文化与西方文化的区别几乎是一个永久的热门话题。

研究中国文化与西方文化，不能只看表面。比如说中国文化不能只看四书五经。因为中国人的实际生活与这些典籍往往千差万别，甚至可以说是刚好相反。

比如说儒家文化，至少有三种：一种官方儒学，也叫意识形态；一种是民间儒学，就是老百姓在日常生活中的一些规则习俗；一种是学术儒学，就是孔孟以及后世学者的著作。这三种虽然都叫儒学，相互间却有很大区别。总起来说就是，官方文化比较强调的"秩序"，比如"三纲五常"；学术儒家比较强调的是"仁者爱人"；民间儒学更强调平等。

上层文化与下层文化的不同以至于脱节，这是中国社会的一个特点。

西方文化没有这种情况。当年意大利共产党的总书记葛兰西就在自己的著作中提到过这个问题。他说，东方国家，比如说俄国社会，它的文化，上层与下层是脱节的，上层政权的文化是没有基础的，完全跟政权联系在一起，完全靠政权的力量维持。只要下层群众一起来，发起一个冲锋，政权就倒掉了。因为它没有底层大众文化的支撑。所以东方社会闹革命比较容易。西方社会不一样。西方国家、社会与文化是一个整体，比如基督教的宗教意识从上到下贯穿到整个社会。所以，西方社会如果发动无产阶级革命的话，首先就要夺取文化领域的领导权。要一个一个地夺取阵地。他把这个叫做"壕堑战"。他的这个思想后来引发了"西方马克思主义"思潮的"文化批判"运动。

中国人从来就知道，书本上的东西只是说说的，当不得真。谁要是拿了这些书本去套现实，一定会被人嘲笑为书呆子。

为什么会这样，那就是因为中国聪明人多，《周易》和孔子、老子都教人做愚者，可是中国人现实中都是智者。中国文化的特点是聪明，是智者文化；西方文化的特点是笨，是愚者文化。

五四时期胡适说，中国是"五鬼闹中华"。这五鬼是：贫穷、疾病、愚昧、贪污、扰乱。他说的其他几个我也同意，只是不同意他把"愚昧"当作其中一个。

原因在于，这个"愚昧"与他的另外两个"鬼"：贪污和扰乱，是矛盾的，因为能够贪污和扰乱的人，决不是愚昧的。贪污之所以发生，是因为人们觉得自己可以非法地拿一些东西而不被人家发现；扰乱之所以发生，是因为人们觉得自己已经足够聪明，有着足以治国平天下的才干。所以贪污和扰乱都只能是智者所为。

如果一个国家贪污成风，扰乱者众多，那只是因为这个国家智者太多而不是太愚昧。即老子所说的："智慧出，有大伪。"

中国人都想当智者，自认为智者；西方人相反，自认为愚者。中国人一开始就相信人们可以掌握自然和社会规律。《中庸》说：人是"可以赞天地之化育"，"可以与天地参"的。老子说："人法地，地法天，天法道，道法自然。"所以，"地大、天大、道大，人亦大。域中有四大，而人居其一焉。"在儒道两家看来，人是可以和天地自然并列的。

但是西方历史上第一个最有影响的思想家苏格拉底。他最有名的一句话就是："我知道我一无所知。"大概是受了前面说过的，希腊神话中的那个俄狄浦斯的悲惨的命运的影响吧，西方人愿意做一个愚者，不愿意做智者。

　　而中国人最推崇的话是："一事不知，儒子之耻。"读书人应该无所不知。

　　前面说过，愚者就是"一根筋"、"认死理"。西方人可以说是愚者的典型的表现了。

　　美国有部电影《阿甘正传》，就是描写一个愚者叫阿甘的，被认为是历年来最伟大的电影，获得了极高的票房价值。据我看来，这部电影走红的原因正在于它表达了美国文化，也就是西方文化的精髓，那就是笨，弱智。西方人在阿甘身上看到了自己。

　　你看那个阿甘弱智到这个程度：不管做什么事都要说："我妈妈说过"。他毫无目的地做各种各样的事，人家不管跟他说过什么话他都当真。为了自己的一句承诺而拼命。他青梅竹马的女友，数次离开他，但他从无怨言，甚至当她患了艾滋病回到他身边时，他仍然对她不离不弃。这并不是因为阿甘有什么儒家"从一而终"的思想，只是因为他弱智，不会去思考。

　　他经常重复的一句话就是："我妈妈说过，生活就像一盒巧克力，你永远不知道下一颗是什么味道。"

　　废话！下一颗不还是巧克力的味道吗？

　　最能表现他的傻劲儿的一件事是：他从美国东海岸跑到西海岸，一开始，竟然只是觉得自己必须跑一下，后来发现自己还是能跑，既然能跑一段路，那么再跑一段也无妨。结果越跑越远，竟至于横穿整个国家。

　　更有意思的是后面还跟了一大群人在跑，他们是发现有人在跑所以跟着跑，也是无缘无故地跑。

不讲功利的西方文化VS功利性的中国文化

不讲功利，这是西方文化的一个特点。能说明这一点的是，西方哲学和科学都起源于"无缘无故"。

古希腊数学家兼哲学家毕达哥拉斯有一次去见大马流士国的国王。国王对毕达哥拉斯渊博的知识、机智的谈吐深为佩服，便问他是做什么的，从事哪一行。

毕达哥拉斯回答说："我是'爱智慧'"（"爱智慧"这个词是古希腊语，今天译成汉语就是"哲学"。所以毕达哥拉斯实际上回答的是："我是哲学家"）。

国王不懂，问"爱智慧"是什么意思，毕达哥拉斯给他解释，举了奥林匹亚运动会为例。他说，去参加运动会的有三种人。一种人是运动员，他们是去夺桂冠的；第二种人是商人，他们是去做生意的；第三种人是观众，他们是去看热闹的，不想得到什么，只是想去看看谁拿到了冠军，满足一下好奇心。

毕达哥拉斯说："我们哲学家就是这第三种人。我们爱智慧并不是想赚钱，也不求功名。我们就是对世界好奇。"

有不少西方科学家今天还是这样的看法，说他们研究科学不是为了造福于人类，就是好奇，为了研究科学而研究科学。

中国人都是聪明人，从不做无缘无故的事。做什么事总是有原因的。比如说："你对我不仁，所以我对你不义。"

研究学问也是这样。邓小平就说："研究马列，要精，要管用。"

宋代有个人叫张载的就讲，他搞学问是"为天地立心，为生民立命，为往圣继绝学，为万世开太平。"这个话后来被中国士大夫和知识分子们奉为圭臬。

中国自古以来没有科学，很多人认为中国也没有西方意义上的那种哲学，为什么，因为中国人没有"无缘无故"。所以中国人有技术、有政治学和伦理学，但没有西方那种科学和哲学。

曾经看到一个记者采访西方一个登山家，问他为什么去登山，他回答说："因为它在那儿。"你说放着好好的日子不过，因为面前有一座山就要去爬。这是什么话！

去登山嘛，不是不可以，但总得有个理由。中国人如果去登山的话，一定会有个理由。要么是锻炼身体，要么是扩大胸襟，或者是为祖国争光。总而言之，就是要有收获。既然付出了，总不能白白付出。

这就是聪明的中国人。

但实际上，处处讲利益往往最终得不到利益，或者只得到一些小利；而不讲利益，却能得到最大的、最长远的利益。

中国政府要员们与欧美各国交往当中，我们听到的、中国官员向欧美国官员们讲得最多的一句话是："我们在思想观念上有分歧，但是我们有着共同的利益，让我们求同存异，谋取我们共同的利益。"

这是真正的傻话。因为思想观念就是利益，而且是最大的利益。真正的利益就在利益之外。对西方国家来讲，中国的社会主义制度如果成功了，是对他们的最大的不利；如果中国放弃社会主义的意识形态，纳入西方的阵营，中国就会永远停留在三流国家的位置上，他们就获得了最大的利益。所以西方国家对中国决不可能只讲利益不讲思想观念。相反地，他们宁可不讲利益也要讲观念。也许只有我们自己还蒙在鼓里，傻乎乎地以为可以与西方国家只做生意不谈政治。

会过日子的中国人VS不会过日子的西方人

中国人讲究过日子；西方人不会过日子。

曾经有部电影《黑客帝国》。成为好莱坞有史以来最卖座的电影。这部电影典型地表现了一种"不会过日子"的文化。

电影描写了未来世界中的这么一群人，他们生活在一个网络的世界里，日子过得好好的，高度发达的计算机网络"梅屈克斯"给予他们美好的生活，至少给他们这样的感觉。但他们并不满足于这样过日子，他们就是想知道，在这个"梅屈克斯"的背后，那个"真实的世界"是什么样子的？

为了能知道这个世界的真相，他们不惜过苦日子，吃的是一些粘粘糊糊的跟鼻涕一样的东西，住在一个狭隘的飞船里，每天提心吊胆，还要经常与"梅屈克斯"的特工们展开生死搏斗。弄不好甚至于把命都搭上。

这种做法实在是好笑。就像电影里一个聪明人讲的那样："我实在是过够这样的日子了。我宁可吃计算机给我的牛排，尽管我知道它可能不是真的，但它给我实实在在的牛排的形状和味道，这就够了，我不要吃那种鼻涕一样的东西，尽管它是真的。"所以他选择了跟"梅屈克斯"统治者们合作，成为叛徒。

经过几十年"极左"路线的日子以后，许多中国人都同意这样一个说法：我们最主要的是过上好日子。什么政策能让我们过上好日子，什么政策就是好政策；什么领导人能让我们过上好日子，他就是好的领导人。

经常听到有人这样讲："老百姓只要日子过得好一点，收入年年有增长，管他什么人来领导，管它搞什么路线。"而且这样说的时候是理直气壮的。谁也不会或者说不敢对这样的说法提出什么反对意见。

社会主义不是贫穷，贫穷不是社会主义。这个观点得到了几乎是一致的赞同。因此，过上了好日子就是社会主义了。

鲁迅先生曾把中国人的历史分为两个时期，"做稳了奴隶的时代"和"想做奴隶而不得"的时代。如果我们承认这个分法不错的话，那么，在中国人历史上，所谓"太平盛世"，过上好日子的时代，其实就是做稳了奴隶的时代。

中国人传统上没有"主人"与"奴隶"的意识。中国人一直自称是"奴才"。不管是汉人当皇帝还是其他什么族的人当皇帝，反正自己都是当奴才。所以他们从不关心什么人当皇帝。

所以中国人才会称赞例如清朝康熙皇帝、乾隆皇帝是个"好皇帝"。因为他们让老百姓过上了好日子。

所以日本人才敢"进入"中国，他们想，既然你们可以接受"大清朝"，接受让你们过上好日子的清朝皇帝，为什么不可以接受更先进的"大日本帝国"呢？接受我们吧，我们也会让你们过上好日子的，我们共同来建立"大东亚共荣圈"呀！

许多人都以为日本军队进到中国来就是烧杀抢掠。其实不是的。日本军队开始进来的时候是打着"中日亲善"旗子，前面的人是端着糖果发给小孩子的。只是后来因为中国人反抗，才开始屠杀，尤其是对抗日根据地的人这样做。

他们认为这样做了，中国人便会老实了。清军当年不也是"嘉定三屠"、"扬州十日屠"才平定中原的吗？后来怎么样呢？中国人还不是老老实实地做大清的顺民？康熙、乾隆还不是成了好皇帝？有不少汉人，在民国建立以后还留着辫子，以示自己是大清朝的忠实臣民呢！

为什么抗日战争期间中国出了那么多汉奸，那么多伪军？汉奸伪军人数之多甚至超过了在中国的日本军队。讲起来都叫人脸红。有那么多的本国人帮着侵略者打本国军队。这在第二次世界大战期间可是独一无二的。可能历史上也很少的。

就是因为中国人只想过日子。

曾看到一个资料：淞沪抗战中，日军军曹山田武一这样描述他所看到的中国人："从我们对主人家以及当地的居民的观察来看，他们对现政权没有什么特殊的感情，他们常常说这样的话：卢永祥时代我们要吃饭，孙传芳时代我们要吃饭，蒋介石时代我们还是要吃饭，日本人来了我们仍然这样。"

还是在这个资料中看到：

淞沪战场我军右路军总指挥张发奎，曾亲口告诉郭沫若一个令人痛心的事实："一个17岁的汉奸交待了他所知道的汉奸组织，说：'敌人总是用大汉奸收买小汉奸，大汉奸可得100块、200块、10块或者50块，然后由他们分钱给小汉奸，好像包工式的，虽然我是为了3块钱去做汉奸的，但也有12、13岁作汉奸的女孩子，只能得到5角或1块。'"

中国人的文化就是过日子的文化。有一首歌曲里唱："爸妈不求儿女有多大贡献，一辈子就求个平平安安"。就代表了中国人的想法。还有一首歌叫《好日子》，也是这样。"今天过上好日子，明天还要过好日子，以后都是好日子……"

这就是现实主义。

中国人为什么没有信仰？

西方人批评中国人是一盘散沙，不团结。孙中山先生曾经说，中国人不是没有自由，而是自由太多。他认为，自己的事业一直不成功，原因就在这里。

为什么会这样？其中一个原因就是中国人没有信仰。中国人之所以没有信仰，其实就是一个原因：中国人只想过日子，用过日子的眼光来看待一切事物。于是中国人一眼就看穿了：宗教信仰其实也就是过日子，宗教中的神也好，佛也好，它们都是过日子。

中国人最擅长的就是把"神"还原为"人"，用人的眼光来看待神。比如民间除夕之夜送灶神，送财神，就要给两位弄点好吃的，以便他们上天以后给凡间的自己说点好话；《西游记》是中国神怪文化的代表作，它把众多的神仙、佛、菩萨等写成了有贪欲、有私心、有缺点的人。

人至察则无神，在中国人看来，所有的神，不管做什么，其实都是为了他们自己的利益。

所以中国人从来不会真正的信教。你若是跟身边的什么人谈宗教信仰，谈了几句他就会问你："你跟我说这些，我若是信你，我会有什么好处？"

如果你说没有，那么他会问你："你有什么好处？"

你如果再说没有，他会狐疑地望着你："那么你说这些干什么？"

中国近年来信基督教的人不少。但据我所知，一些信教的人，每星期聚一次，也无非是想互相有个帮助照应，甚至有人借此卖安利产品的。

你别看那些寺院里香火缭绕，拜佛的人一拨接着一拨，好像盛

得不得了。其实他们求的都是升官发财，或者婚姻求子等等，而这些都是佛教所不赞同的。佛教要求的是人们把凡间世俗的这些东西都抛开，一心向佛。

但如果真这样要求，寺院里马上就会变得冷冷清清了。

所以有学者讲，中国人是信奉"实用理性"的民族。

今天的中国人处在最聪明、最清醒的时候。我们什么都不相信。

曾经有一段时间，我们很愚。我们虔诚地相信一切。我们公有制和计划经济是世界上最好的制度；我们相信自己肩负着解放全人类的使命，相信世界上有三分之二的人正在受苦，等待我们去解放他们；我们相信报纸上刊登的先进英雄人物的所有事迹，相信他们都是为了我们的幸福生活。

后来有一段时间我们也很愚。我们相信市场经济能解决一切问题。我们相信让一部分人先富起来，然后他们会带领我们达到共同富裕；我们相信今天政府让我们"下岗"是暂时的，明天政府会给我们安排更好的、收入更高的工作；我们相信知识会改变命运；我们相信不管怎么样，明天会更好。

……

今天的中国人什么都不相信。

我们不相信政府官员，我们不相信商家，我们不相信媒体，我们不相信法律，我们不相信一切。

我们以怀疑的眼光、否定的眼光看待一切：神马都是浮云。人都是自私的。除了钱什么都不要相信，甚至连钱也不要相信，因为钱也在贬值。把人与人联系起来的唯一纽带是利益。只有永远的利益，没有永远的朋友。

以前有句话说：什么人都是不可信赖的，只有自己的母亲除外。

但现在看起来，母亲也经常不说实话。比如赵本山有一个春晚小品就是表现一个单身母亲欺骗儿子，用一个送水工冒充自己的丈夫。

中国人，学着愚一点！

西方有这样一个故事：

希腊海滩上，有一个打渔的老头在晒太阳，一天，一个记者过去问他："你为什么总是在这里晒太阳？"

他回答说："因为我已经打上了鱼，挣够了今天的饭钱。"

记者说："你应该再继续打，尽量多打些鱼。"

那老头问："打那么多鱼干什么呢？"

"可以卖钱呀！你可以有很多的钱。"

"我拿这些钱干什么呢？"

"你有了钱，就可以不用干活了。你可以雇其他人来干活。你可以开一个公司，把渔产品卖到世界各地去。

老头问："然后呢？"

记者说："然后你就可以整天在海滩上晒太阳了。"

老头回答说："那我现在不是已经在晒太阳了吗？"

记者哑口无言。

我想，很多中国人读到这个故事都会发出会心的一笑。因为它很符合中国人过日子的"知足常乐"的思维。在这个故事中，那个老头可以代表中国人，那个记者可以代表西方人。老头是智者，记者是愚者。虽然这个故事出自于西方，但它在更大程度上可能还是代表了中国的主流思想而不是西方的主流思想。

两个人当中谁说得对？相信许多人都会回答：是老头。

其实老头只是有点小聪明、看似聪明而已。

为什么？因为这个故事还有下面一段：

这个记者说服不了老头，于是对他说："这样吧。我们都按自己的想法去生活，几年以后我们再来相会，看谁是正确的。"老头答应了。

几年以后记者回来了。他已经是腰缠万贯的大老板。老头仍然在晒着他的太阳。

这个老板带了一帮人过来，傲慢地对老头说："听着，今后你不能再在这里晒太阳了。我已经把这里买下了，我要在这里开发一个度假别墅区。你如果不走，我就派人赶你走。"

老头只好走开。

说明一下，故事的最后这一段是我加的。但它是符合逻辑的。也是符合事实的。最后的结果一定会是这样。

有人会说，那我到其他地方晒太阳好了。

但是，可以晒太阳的海滩是有限的。地球的资源是有限的。

满足于整天晒太阳的日子，最后就会变得太阳都晒不成。人家会闯到你的家里来。这就是从鸦片战争以后西方人给中国人的教训。于是中国人开始奋斗了，民富国强，实现中华民族的伟大复兴，这是每个中国人的梦想。

怎么才能尽快地做到民富国强呢？有两条道路，一是自己努力奋斗，自己摸索，赶上世界先进水平。这个叫"愚公"式的做法。不过这条道路太难了，现在我们有了一个很聪明的想法：从西方人那里拿现成的技术和产品。怎么拿呢？你西方人不是想打开中国市场吗？那好，你拿技术来，我跟你换。这个叫"市场换技术"。

这叫一个自以为聪明。

如果说，有一个小学生，从小就靠抄作业或者出钱买其他学生的作业来混学业，但是通过抄这些作业和买作业，他了解并掌握了其他学生最先进的思维方法，结果他在学业上取得了更大的成就，超过了那些老老实实自己做作业的学生。你会相信有这样的事情吗？

你当然不会相信。你会大笑。

但是却有很多人相信，一个国家或民族可以通过盗版或者买人家的技术而成为世界一流的国家。

曾看到美国人总结中国人的"五大缺陷"，其中一个就是认为中国人不肯老老实实地做事，总是想走捷径，想取巧。这真是一针见血。

曾看到俄国人有句谚语："铁棒横扫，无招可挡；若要抵抗，铁棒加粗。"想不到这样的话也会成为谚语。足见俄罗斯人有多愚。这种做法只会被中国人嘲笑。使笨力、蛮力历来被中国人看不起。中国人历来追求的就是"以最小的代价换取最大的收益。"崇尚的是"借力打力"、"借刀杀人"、"四两拨千斤"、"不战而屈人之兵"。

所以整个中国造假成风。产品造假、学术论文造假、学历造假、身份证造假……任何东西都可以造假，也都在造假。造假的顶峰就是前面提到过的那个河北的王亚丽，除了她这个人的身体是真的，其他全是假的。

是人都想发财，怎么才能发起来？你如果告诉一些中国人，搞一项技术、做一个产品，老老实实地做，认认真真地做，以质量取胜，以品牌立足，他不要听的。他要的是最省力的。

所以比如看风水等在中国就特别盛行。你想，只要把房间里的什么东西移一下位置，或者把大门的朝向改一改，挂个八卦什么的，其他啥不用干，就能财源滚滚，天下还有比这更省力的事吗？

所以中国历史上就是巫术、术数最发达最普及的国家。

时下的中国，到处都是什么"风投"（风险投资）、"创投"（创业投资），并购、扩张、融资、上市，大家都盯着人家的钱袋，盘算着怎样把人家的钱拿到自己的口袋里。我的老婆从单位买断工龄下了岗，有段时间想开一家诊所，一位专门从事企业研究的教授对我说："开诊所嘛，首先要学会资本运作，比如说融资什么的。"

我的天哪，连开一家诊所都想到要搞"资本运作"，真是资本运作运疯了。

为什么中国股市长年是熊市？

因为所有参与股市的人都想着从中赚钱，而且是尽可能短时间内大把地捞钱。管理层拼命发新股，价格奇高；公司只想着上市融资，一次又一次；大小机构只想着做差价，一波又一波。公司的持股高管只想着在高位减持，为了能赚钱，他们什么造假手段都敢用。他们从来没有想过要给股市的投资者分钱。

他们都是智者。

结果中国股市成为世界上表现最差的股市之一。经济形势好，是熊市，经济形势不好，更是熊市。

为什么中国社会腐败盛行？因为所有的人都在腐败。

一说到腐败，那真是老鼠过街，人人喊打。似乎没有人赞成搞腐败，那为什么中国还有那么多的腐败呢？答案就是：因为人人都在腐败。

如果你想让孩子上一个好的学校，首先想到的是什么？当然是托关系，找门路，送钱。你想进一个好单位，想承包一项工程，想找一个好点的医生看病……，你在社会上想做任何看起来比较困难的事情，包括你遇到麻烦，首先想到的肯定也是这个办法。

那就好了，那你就不要骂政府官员腐败了。因为这个腐败正是你自己搞出来的。如果大家都按规则，老老实实地办事，何来腐败呢？

你肯定会说：如果我不这样做，不去送钱拉关系，那其他人这样做，我不是吃亏了吗？

这正是聪明的中国人的想法。

由于全社会的人都这样想，所以所有的人都占不到便宜，实际上都吃了亏，包括得到好处的那些掌权的人。只是有的人吃亏在明处，有的人吃亏在暗处；有的人吃亏在一时，有的人吃亏在长远。

西方人笨，也自以为笨；中国人聪明，也自以为聪明。但是负负得正。结果西方人的笨与中国人的聪明来了个转换。

这就是为什么晚清以后笨的西方人能够让聪明的中国人成为他们的奴隶。

不过现在西方人也学着聪明了。他们不再直接用军刀屠杀。狼不再血淋淋地吃羊，那样看着难受，羊会反抗，也不符合"人道主义"原则。他们换一个方法，把羊养起来，挤着奶，慢慢吃。这个叫"经济殖民"和"文化殖民"。

我给前面那个故事设想了另一个结局：

老头垂头丧气地正要离开，老板把他叫住了。说："我们还可以有另外一个解决办法。你可以继续在这里晒太阳，我也可以在这里建度假村。"

老头问："什么办法？"

"我这个度假村建成以后，需要一些勤杂工，种种花草，做做清洁卫生。你如果愿意做，那么既可以挣到钱，又同样可以晒到太阳。——双赢！怎么样？"

老头想了想，同意了。

那个老头就是今天的某些中国经济学家。他们认为，中国应该生产西方所需要的廉价商品。这就是所谓的发挥"比较优势"。谋求的也是"双赢"。

赢到现在怎么样了呢？用中国商务部官员的话来说：中国要生产八亿件衬衫才能换回一架空客飞机。耗费了资源，污染了环境，其实也没赚到多少钱。只是养活了一大批不劳而获的西方人。还招来了一大批反倾销的投诉。

从五四以后，中国人就提倡科学和民主。那么什么是科学？科学就是老老实实。马克思说过："在科学上面是没有平坦大路可走的，只有那在崎岖小路的攀登上不畏劳苦的人，有希望到达光辉的顶点。"中国古人也讲，天道就是诚，就是无妄（不做假）、不欺。做人如此，科学研究如此，在民富国强的现代化道路上，又何尝不是如此呢？

许多人都说，中国正在迅速崛起，21世纪将是中国的世纪，中华民族将实现伟大的复兴。当然，中国已经取得了伟大的进步，并且还在继续进步。但是，一个充满了腐败和虚假的国度，一个人与人之间缺乏基本的信任，不讲诚信的社会，是不可能真正崛起的。一个没有理想、没有信仰的民族，是不可能复兴的。这样的国家和民族，如果也能够崛起的话，那是没有天理。

因为，诚，就是天理，就是天道。

中国人，学着愚一点吧！